Negazionismo culturale

antologia di teorie scientifiche
"eliminate" dai consessi accademici

(provocazioni *divulgative di Carlo Vitali*
carlovitali@fastwebnet.it)

Indice

                                                                                                   Pag

1. Introduzione Il bosone di Higgs *(considerazioni generali)*   5
2. Relatività contro Etere   18
3. Faraday-Maxwell   19
4. La 'riduzione' politically correct della teoria Faraday-Maxwell   25
5 . Tesla-Edison-Marconi   31
6. L'Etere nella storia delle scienze fisiche e in metafisica   35
7. Scoperte di Kozyrev   38
8. Modello topologico della gravità di Einstein   44
9. Grafene   68
10. Fullerene   69
11. Quantum Computing   85
12. Crittografia Quantistica   97

Il bosone di Higgs *(campo di Higgs)*
"Cos'è il bosone di Higgs?"
Un bicchiere pieno d'acqua contiene per l'appunto "solo" dell'acqua; un tempo si pensava fosse tutto li - l'acqua è acqua. Poi qualcuno cominciò a chiedersi cosa avrebbe trovato affettando l'acqua (o qualsiasi altro materiale) in piccolissimi pezzi. Avrebbe trovato sempre acqua o qualche cosa di più fondamentale che la componeva? Si sarebbe fermato a un certo punto? S'iniziò a separare le molecole, poi affettando ancora più a fondo si scoprì che anche una molecola d'acqua è un composto formato da un atomo d'ossigeno e da due di idrogeno. Sminuzzando pure gli atomi li si scoprì composti da un nucleo attorno a cui orbitano delle particelle chiamate elettroni e nei nuclei l'esistenza di particelle chiamate protoni e neutroni. Più di recente s'arrivò ad affettare ancora di più scoprendo che anche i protoni e i neutroni sono composti da particelle ancora più elementari, i quark. Oggi gli scienziati pensano che tutte le cose siano fatte dalle particelle indicate in questa tavola: *quark* e *leptoni* che si combinano tra loro come in un Lego (ogni protone per esempio è costituito da due quark *up* e un quark *down*, i neutroni da due quark *down* e un quark *up*). Questi costituenti elementari si parlano tramite scambio di altre particelle "messaggere" il cui ruolo è di 'postini' tra le forze fondamentali della natura: i *fotoni* (di 'onde elettromagnetiche' delle diverse frequenze) trasportano la forza elettromagnetica, che è responsabile della chimica e delle interazioni di tutti i giorni; i *gluoni* scambiano la forza "forte" che tiene insieme i quark ed i nuclei degli atomi; le particelle W e Z si occupano degli scambi della forza "debole" che è responsabile della radioattività. C'è

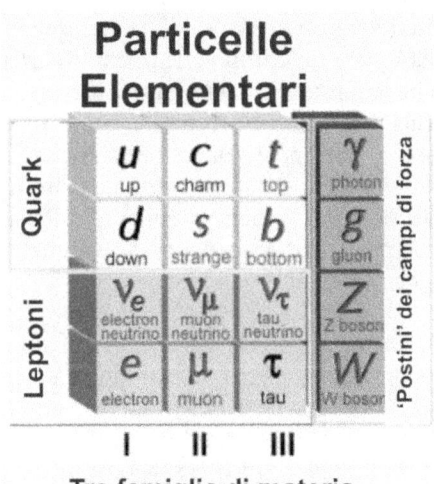

Tre famiglie di materia

poi anche la "gravità" che però merita un discorso a parte da fare un'altra volta. Dunque gli scienziati allora sanno tutto, hanno tutti gli ingredienti della materia così come i collanti per tenerla insieme sono soddisfatti? Non del tutto. La teoria che descrive i componenti fondamentali di tutte le cose si chiama *Modello Standard* e fu formalizzato negli anni '70; funziona realmente molto bene, ma presenta il difetto di sostenere che le particelle non dovrebbero avere massa; nessuna massa - particelle senza peso! Un contro-senso perché è noto che le cose hanno massa la quale dunque deve essere anche una dote delle particelle che le compongono. Il problema è che se aggiungiamo "a mano" le masse delle particelle nella *teoria standard*, le sue equazioni vengono distrutte e non funzionano più (i fisici teorici dicono che la teoria non rispetta l'*invarianza di gauge*). Negli anni '60 Peter Higgs propose una possibile soluzione! Supponendo che le particelle in effetti non abbiano, di per sé, una massa ma che nell'universo esista però un campo che pervade tutto, una sorta di melassa cosmica che le particelle devono attraversare nel loro percorso reale, quella melassa potrebbe frenare in modo diverso ogni tipo di particelle (e ogni composto di particelle, nella gerarchia delle loro aggregazioni visibili in Natura, fino agli uomini ed ai sistemi sociali) e così rendendole più o meno pesanti. Tradotta in equazioni l'idea funzionava: le particelle acquisivano specifiche masse e le equazioni della teoria rimanevano valide senza spappolarsi.

Come fare a provare la validità di quella congettura? Higgs nei suoi calcoli notò che, se la sua ipotesi fosse stata vera, allora quella sorta di melassa cosmica, oltre a dare massa alle particelle, ogni tanto si sarebbe dovuta anche raggrumare su se stessa dando vita ad una nuova particella che venne battezzata *bosone di Higgs*. Il bosone di Higgs, se esiste, è solo il condensato di questo campo unitario e primordiale (una sorta d'*etere cosmico*) che pervaderebbe tutto e sarebbe la fonte responsabile della massa di tutte le altre particelle. Se riuscissimo a vederlo avremmo la prova che la *teoria di Higgs* è esatta e spieghi il perché tutto abbia una massa. La melassa cosmica potrebbe anche essere un miscuglio di più gusti, per cui potrebbero esistere *grumi* dal sapore diverso.

Un esperimento americano (si chiama CDF e lavora su un acceleratore chiamato Tevatron nei pressi di Chicago) ha annunciato di avere visto forse una debole traccia del bosone di Higgs, o meglio d'uno dei *bosoni di Higgs* millegusti-più-uno di cui sopra. Non si è ancora sicuri e la ricerca prosegue.

Etere e gravità

L'Etere si suppone possa essere un campo vettoriale a più dimensioni (*tensoriale* a metrica *non-euclidea* e *non-commutativa*) e non ha a che fare colla luce, ma con la gravitazione. Infatti secondo Glenn Starkmann questo campo vettoriale modifica la gravità e ne amplifica gli effetti in modo proporzionale alla massa. Esso è stato ipotizzato per risolvere il mistero della massa mancante dell'universo (finora spiegata solo dall'ipotesi fantomatica della *materia o energia oscura*). Questo campo costituirebbe un sistema di riferimento assoluto, quindi se fosse confermato, si dovrebbe correggere la relatività speciale. Per ora è stato fatto un solo test, e questa nuova ipotesi darebbe spiegazione alla velocità delle stelle nelle galassie.

Tra l'altro la correzione della teoria della relatività non dipende dal fatto che sia la 'luce' l'ente che è dotato di velocità massima ma non infinita in Natura. Se i neutrini fossero più veloci della luce, sempre dotati di velocità finita, nulla cambierebbe sul piano concettuale; le revisioni colpirebbero altri aspetti di interesse per l'identificazione della 'teoria unitaria' dell'Universo.

Il campo vettoriale a più dimensioni chiamato Etere sarebbe composto da micro-cellule elastiche e quantizzate ma variabili a seconda della densità energetica 'locale' che comporrebbero una sorta di 'binari a pendenza variabile' sui quali le particelle correrebbero assumendo le loro velocità, masse e parametri fondamentali per trasmettere la catena di azioni e reazioni in continuità fisica e con velocità di propagazione peculiari per i singoli e specifici campi di forza da esse trasmessi e subiti.

Viviamo in un periodo interessante per la cosmologia. Dopo la raccolta di dati sulle proprietà del nostro universo alle distanze più grandi e nei momenti più precoci, disponiamo ora di vasti dati raccolti da molte fonti. Incluso in particolare, osservazioni della radiazione di fondo di microonde (la radiazione residuale dei primi istanti dell'universo) ed analisi di oggetti astronomici (galassie, quasar, supernovae, fonti di raggi-gamma, etc.) su grandi porzioni

del cielo, vaste porzioni del raggio dell'universo osservabile. Questo flusso di dati potrà aumentare solo parzialmente (nuove osservazioni più ampie e profonde, più dettagli sul fondo di microonde e sulla sua polarizzazione, misure di distorsioni gravitazionali, osservazioni di onde gravitazionali).
Allo stesso tempo, continuano a migliorare i test di precisione delle teorie fondamentali della fisica delle particelle e della gravità. Il *modello standard* delle interazioni forte, debole e elettromagnetica delle particelle è un notevole successo; dopo trent'anni di verifiche le sue previsioni sono ancora in sintonia con ogni dato sperimentale entro i limiti dell'accuratezza sperimentale e teorica. Finora i soli aggiustamenti che i dati ci hanno costretto ad aggiungere alla teoria è stato relativo alle masse dei neutrini. Pochi teorici delle particelle elementari sosterrebbero tuttavia che il *Modello Standard* possa essere la teoria definitiva di tutto (o anche di quasi tutto). Da un lato il Modello Standard contiene almeno 20 parametri indipendenti per i quali non fornisce giustificazione, molti dei quali presentano ciò che chiamiamo valori innaturali - sono cioè significativamente più piccoli dei valori che ci si sarebbe immaginati in assenza di esperimenti. La nostra scarsa comprensione di taluni sotto-insiemi di questi parametri ha ricevuto diverse denominazioni: Problema della Gerarchia dei Gauge, Problema della Massa del Fermione, Problema del CP Forte. La teoria inoltre non riesce ad offrire alcuna comprensione della natura quanto-meccanica della gravità, che si deve manifestare alle alte energie. Nei tre ultimi decenni i fisici teorici e delle particelle hanno concentrato molta attenzione sul tentativo di eliminare queste carenze del Modello Standard. La *Teoria delle Stringhe* (e altri modelli quanto-gravitazionali), le *Teorie della Grande Unificazione*, la *Supersimmetria*, la *Super Gravità*, la *Tecnicolor*, le *extra* grandi dimensioni sono tutti tentativi di eliminare qualcuna - o tutte - le carenze presenti nel *Modello Standard*. Nel 2007 il Large Hadron Collider, il più recente dei grandi acceleratori di particelle ha iniziato a funzionare per fornire ulteriori dati sulla natura delle interazioni fondamentali e costituire una finestra sulla fisica oltre il *modello standard*.
I teorici vivono tempi entusiasmanti e frustranti; da un lato i dati pongono rigidi confini alla loro immaginazione; se si fa fisica (al contrario della matematica) ci si deve limitare a ciò che sia stato

misurato o che sia misurabile. D'altro lato nuovi e futuri dati implicano l'abilità di fare previsioni e di verificare le teorie più suggestive.

L'Etere nella storia della cultura filosofica

L'unitarietà della Natura ha sempre richiesto alla cultura di non parcellizzare le conoscenze ma di curarne l'integrazione che solo la cultura olistica dello studioso riesce a garantire. Il positivismo ha spinto a smarrire l'olismo ed a privilegiare il riduzionismo disciplinare. Dall'Illuminismo di fine '700 che aveva ancora tutelato nelle Università pari dignità di status alla filosofia delle scienze fisiche e di quelle metafisiche, si è passati all'interpretazione francese dell'Illuminismo in chiave positivista che ha esaltato le 'scienze esatte' e il riduzionismo materialista escludendo dalla dignità di scienze quelle meta-fisiche pretendendo che esse fossero rimasugli di superstiziose ritualità esoteriche per garantire la sopravvivenza delle religioni 'oppio dei popoli'; ciò ha escluso dall'Università studi di paradigmi etici fondati sulla possibilità che esistano enti che trascendono la stretta natura fisica e ai quali fosse addebitabile la dotazione al Creato d'un innato 'disegno intelligente' capace di agire nel rispetto del libero arbitrio individuale, anche se sul piano inconsapevole, per costruire quel crescente ordine che in contrasto coi principi della termodinamica, si può riscontrare tramite l'osservazione, anche grossolana e superficiale, della Natura; a partire dall'ipotizzato Caos primordiale 'rivelato' anche dai racconti esoterici delle religioni.

Le scienze positiviste hanno costruito l'unilaterale e accelerato progresso tecnologico sempre più 'separato' dalle conoscenze delle scienze umane fino a pervadere la politica e il diritto con la sua visione ormai lontana dall'umanesimo rinascimentale. Il paradigma scientifico che legittima il progresso positivista è l'epistemologia della 'scienza' come pretesa di poter condurre analisi 'oggettive' di fatti 'indipendenti' dalla soggettività degli osservatori che è quindi legittimata a escludere dalla dignità di 'scienza' ogni disciplina che volesse studiare fatti non dotati di concrete (sensibili) prove d'esistenza.

La logica matematica divenne un particolare dominio di studi scientifici che, pur necessaria come strumento di calcolo, fu esclusa da possibili analogie dirette colla realtà naturale. Da modello di letture 'creative', esoteriche e suggestive, dei dati sperimentali, fu ridotta a strumento destinato a raggiungere previsioni prescrittive che riuscissero a 'giustificare' i soli dati coerenti col modello; dimenticando che "se i dati non sposano il modello, è questo ad essere errato, non i dati".

L'esoterismo che aveva riunito gli studiosi più ricchi di sensibilità umanista – medici, architetti, giuristi – a dialogare sul piano spirituale oltre le proprie credenze religiose nelle logge massoniche fu abbandonato nei paesi in cui prevalse la cultura positivista-materialista. La massoneria si spezzò in due 'obbedienze'; quella anglosassone conservò l'equilibrio tra scienze esatte e religiose e quella francese-latina escluse dalle logge l'esoterismo biblico. I dibattiti tra le elite intellettuali nei diversi paesi divisero gradualmente diritto e politica in due sistemi; il liberale anglosassone e il più autoritario latino-francese. Le scienze umane per eccellenza (architettura e medicina) che da sempre avevano organizzato circoli esoterici (scuole d'arte medica e logge dei costruttori di cattedrali) smarrirono la centralità dell'individuo alla cui elevazione verso la trascendenza psico-fisica deve essere orientata la conoscenza del sapiente in piena empatia e visione unitaria delle esigenze e si posero gradualmente al servizio di una Scienza che si propone di sanare il malato quadratico-medio sottoponendolo a trattamenti standardizzati studiati in laboratori chimici e capaci non tanto di aiutare il singolo a ripristinare le sue autonome capacità di omeostasi e recupero dell'equilibrio temporaneamente perduto ma di estrarre da lui la fonte del male che lo ha pervaso conducendolo alla malattia e alla morte; da omeopatia galenica a chimico-farmaceutica industriale. Il maestro perse il suo ruolo di capo-scuola di pensiero prima che di tecnica e divenne un 'mago' che grazie alle sue conoscenze 'superiori' detiene l'elisir capace di 'sanare' (una sorta di *magia nera* santificata dalla Scienza materialista).

Tutti gli studiosi che hanno nutrito intuizioni suggestive fonti di grande innovazione per la ricerca in molti campi disciplinari sono stati combattuti dall'accademia nella visione positivista più ortodossa della 'scienza'. A partire dallo stesso Newton (cultore di astrologia), Faraday (le cui intuizioni furono colte solo da Maxwell le cui indicazioni sulla natura dello spazio-tempo vennero soppresse

dalla formulazione 'ridotta' delle equazioni in metrica euclidea e commutativa eseguita da Lorenz), Tesla (che rifiutò due premi Nobel in quanto unico anticipatore dei brevetti di macchine di potenza in corrente alternata da lui venduti a Edison candidato abbinato al Nobel, e in quanto realizzatore di brevetti per trasmissione/ricezione a distanza di segnali elettro-magnetici anche di alta potenza lustri prima di Marconi, l'altro candidato abbinato al Nobel in anni successivi).
La visione di conoscenza unitaria che gli innovatori scientifici più creativi hanno continuato a perseguire ne ha arricchito il potenziale di sinergia e la capacità di stabilire fertili analogie tra comparti propri delle scienze esatte ed altri peculiari di quelle metafisiche. L'esclusione pregiudiziale di questo ultimo comparto di riflessioni mentali sembra sia pregiudizievole per la conoscenza scientifica, più di quanto non sia la paventata sudditanza che deriverebbe allo scienziato dalla sua dedizione all'esoterismo nelle sue molte forme di esercizio spirituale. Sembra utile portare l'attenzione degli uomini liberi sul piano intellettuale e spirituale sul danno potenziale che deriverebbe dall'escludere per pregiudizio l'educazione all'esercizio delle capacità mentali e spirituali diverse da quelle che abbiamo ristretto ad uso delle scienze riduzioniste. Un'irragionevole esclusione dopo millenni di coesistenza che ha condotto a stili di vita ed a criteri di governo senza le sensibilità caratteristiche dell'umanesimo rinascimentale che ha costruito la tollerante e aperta civiltà 'Occidentale' (globale) fino ai materialismi atei e scientisti dell'ottocento e le loro deviazioni intolleranti, brutali e totalitarie del novecento.
Tra gli esempi più recenti di intellettuali cultori delle scienze esoteriche ma conosciuti per le loro teorie nelle scienze esatte si possono citare medici, matematici, architetti ma anche fisici che sono stati stimolati ad estendere i loro campi di studio ai due comparti tradizionali dalla necessità di poter giungere ad una teoria unitaria d'universo che non escluda in modo apodittico i fenomeni metafisici dalla 'giustificazione' scientifica degli scambi di energia (campo primordiale fonte di ogni manifestazione 'diversa') tra entità elementari che sono i componenti della gerarchia di macro-strutture più complesse sia nel mondo strettamente 'fisico' (materia 'inanimata'), sia in quello 'metafisico' (strutture PNEI, psico-neuro-

endocrino-immunologiche). Se il campo energetico primordiale da cui sono emerse le crescenti diversità è unico, indistruttibile e non rinnovabile (solo trasformabile in forme diverse), deve potersi fornire un modello onni-comprensivo dei meccanismi che governano gli scambi tra i sensori/attuatori delegati a convertire quell'unica fonte energetica in comunicazioni comprensibili ed utili alle specifiche forme dei sottosistemi in questione. Senza escludere in modo pregiudiziale dallo studio scientifico quei fenomeni 'incomprensibili,' ma non per ciò 'inesistenti', anche se nell'ambito di strutture 'virtuali' (avatar mentali) interconnesse tramite fenomeni para-normali (sesto senso o intuizioni creative).
È ad esempio paradossale che la medicina, scienza umana che non è 'esatta' in modo esclusivo, non si sia posta l'esigenza di indagare sul piano 'razionale' prima che sullo strumentale il problema del termine (e 'genesi') della vita negli esseri umani; l'attimo che contrassegna nell'ambito spazio-temporale della storia la 'catastrofe' che colpisce lo stesso sistema complesso di ogni PNEI. Fino all'attimo precedente la morte infatti quella PNEI raccoglieva dall'ambiente esterno risorse energetiche per ordinarle in ordine crescente che viene descritto dalla capacità di: conservare attivi tutti i sotto-sistemi psichico, neurale, endocrino e immunologico; di tutelare tra essi l'omeostasi complessiva e; di arricchire la crescita ordinata delle loro manifestazioni interne e verso altri PNEI estranei (azioni, idee, emozioni, reazioni, difese, aggressioni, dibattiti, suggestioni, etc.).
Da quell'attimo in poi la medesima PNEI manifesta la incapacità di raccogliere risorse energetiche dall'ambiente esterno avviando un'inesorabile processo di distruzione del suo ordine interno e l'incapacità di tenere relazioni (l'emergere del caos). Questo evento traumatico deve potersi riferire a uno specifico sotto-sistema che, pur facendo strettamente parte del sistema PNEI, non è ancora stato preso in considerazione dalla scienza medica ma che è l'interfaccia tra il primordiale campo energetico in cui ogni PNEI è immerso nelle funzioni 'vitali' di convogliare in modo ordinato energia ambientale e turbolenta verso i sottosistemi interni demandati delle funzioni PNEI; un tipo di antenna indispensabile al sistema PNEI per conservare relazioni 'ordinate' nei confronti di altri sistemi PNEI e potere raccogliere dal più vasto ambiente 'naturale' ogni stimolo atto ad alimentare la vita dell'individuo sia sul piano fisiologico sia

su quelli interpersonale (autostima), sociale (realizzazione) e 'trascendente' (dedizione motivazionale).
Deve trattarsi di un sotto-sistema che presenti due facce, l'una integrata alla fisicità della Natura, l'altra in sintonia con tutte le manifestazioni energetiche di natura meta-fisica ispiratrici di tutte le pulsioni individuali e collettive verso la costruzione di un ordine culturale capace di gratificare quell'aspirazione a 'trascendere' la fisicità che caratterizza in modo peculiare il ruolo dell'uomo in Natura.
È certamente la faccia connessa ai fenomeni 'para-normali' (o 'inspiegabili', 'misteriosi') che sono da sempre coltivati per via esoterica in tutte le logge religiose con rituali misterici per e-ducare negli adepti maggiori dosi di sensibilità per tutto ciò che 'trascende' la propria fisicità e aumenti le motivazioni spirituali a controllo di quelle più materiali e primordiali in ogni essere umano.
Senza maggiori conoscenze attorno alla sfera dello 'spirituale', l'essere umano si limita a quelle 'materiale' e 'intellettuale' e la cultura prevalente risulterebbe limitata al materialismo, allo scientismo positivista e al 'negazionismo' della trascendenza come elemento innato nella Natura e nella stessa PNEI+ che distingue l'Uomo restando la fondamenta dell'umanesimo rinascimentale e para-massonico delle 'tradizionali' arti e mestieri; di cui l'arte medica, al fianco di architettura e della filosofia (logica e matematica) è emblema – prima delle chimica-alchimia, astronomia-astrologia, ingegneria-economia.
L'etica non può nascere dal basso ma deve 'giustificarsi' ai valori fondamentali che inconsciamente condizionano la crescita della civiltà; occorre investigare sul sottosistema (+) che è responsabile di morte e nascita di ogni Uomo dal grumo di materia che seppelliamo con ogni uomo alla sua 'morte'.
Il paradigma dell'epistemologia scientifica più attuale non è quello dell''oggettività' né dei 'fatti' né dell'estraneità degli osservatori rispetto all'osservazione. I paradigmi più recenti e innovativi hanno di nuovo saputo abbattere i confini tra i due distinti comparti degli studi; fisici e metafisici. Dapprima la proposta della 'falsificabilità' delle teorie scientifiche di Popper ha esteso il criterio di 'scientifico' anche a discipline 'astratte' purché criticabili in modo e linguaggio condivisi. Successivamente l'epistemologia 'paradigmatica' di Kuhn

ha suggerito come quel meccanismo polarizzi in modo inevitabile le conoscenze umane – a conferma della tradizione di 'scuole d'arte' e 'logge dei costruttori' di 'cattedrali alla Conoscenza' in una costante e interminabile 'trascendenza' dei limiti umani e in permanente, inevitabile imperfezione delle sue conoscenze; l'opposto umanista, rinascimentale ed illuminista rispetto allo stile arrogante 'scientista' della Ragione come Dea sostitutiva del Dio delle religioni stigmatizzate come 'oppio dei popoli'.

I progressi nelle scienze astratte (logica e matematica) e quelli realizzati gradualmente nelle scienze umane (medicina, psicologia e neuro-biologia) offrono ormai un ponte che consentirà di ristabilire la cooperazione tra 'scienze fisiche' e 'metafisiche' senza imporre rinunce aprioristiche né ai temi da esse trattati, né ai fini che ne ispira la ricerca settoriale pur di condividere il 'metodo scientifico' secondo i più aperti criteri epistemologici; scoprire il filo logico che costruisce dal Big Bang l'ordine crescente osservabile in Natura (materiale e vivente) a dispetto dell'ortodossia della termodinamica positivista-materialista consente di costruire modelli 'scientifici' del 'disegno intelligente' senza che si debba aspirare a fini che trascendono la 'ragione umana' (studio 'oggettivo' dell'Architetto dello stesso 'disegno intelligente') ma senza escludere in modo pregiudiziale dalle riflessioni 'razionali' le evidenze di manifestazione del 'trascendente' in Natura. Non escludere cioè a-priori la 'possibilità' che quell'entità esista come causa di tutto ciò che risulta 'inesplicabile' da parte delle scienze esatte negandone l'esistenza invocando come 'giustificazione' dell'inesplicabile l'intervento estemporaneo e 'salvifico' di cause puramente aleatorie anche se la loro 'occasionale' concatenazione nel coerente ordine attuale risulti sempre meno possibile alla luce della valutazione della statistica la scienza esatta che misura la probabilità infinitesima e calante del Caso come Demiurgo d'un ordine palese la cui possibile 'razionalità' viene aprioristicamente negata come attribuibile a un Creatore perché non sottoponibile ad osservazione strumentale; un'irrazionale e pregiudiziale limite imposto dalla scienza positivista sulle capacità della stessa 'ragione' umana d'indagare senza dogmi censori ogni 'mistero' affinando nuovi e selettivi 'strumenti logici' idonei al dibattito 'scientifico' (razionale). Questo è ciò che da sempre ha insegnato la 'tradizione' universitaria e che viene

paradossalmente ribadito dalla Chiesa Cattolica a difesa delle 'scienze metafisiche' escluse dalla 'scienza esatta' dalla dignità stessa di discipline scientifiche per scelta dogmatica dall'intolleranza 'laica' del positivismo ipotizzato fondatore del liberismo.
Esistono da sempre in fisica ricercatori molto innovativi nella ricerca di fornire una visione unitaria della Natura che non ci debba obbligare ad accettare la separazione tra la realtà fisica e quella meta-fisica suggerendo il superamento delle incoerenze e paradossi che infiorano inevitabilmente tutti i modelli che si ostinano a cercare una rappresentazione 'prescrittiva' invece di limitarsi a spiegare il modo in cui avvengono i processi; si cerca di 'localizzare' la causa dei fenomeni invece di spiegare le linee lungo le quali si sviluppa il 'disegno intelligente'.
Tra gli studiosi figurano filosofi, tecnologi. fisici, astronomi, medici e religiosi tutti ispirati da una visione umanista e rinascimentale della scienza. In questa sede voglio citare Teilhard de Chardin, Salvatore e Giuseppe Arcidiacono, Jean Charon, Tom Bearden e Massimo Corbucci che hanno dato indicazione sulla continuità che deve esistere nell'Uni-verso tra uomo e la natura che lo circonda e come questa consista degli stessi elementi di quelli che consentono al sistema psico-neuro-endocrino-immunologico di ogni essere vivente di svolgere le funzioni di crescita interna e di scambi con il loro ambiente a realizzazione di un crescente ordine globale.
La loro creatività e fantasia confermano che la scienza è soprattutto poesia creativa che poi permette di condurre verifiche miranti a 'falsificare' la corrispondenza delle intuizioni poetiche con le repliche che sono realizzabili in laboratorio (o nell'enorme 'laboratorio' del Creato in costante evoluzione lungo un filo-rosso che chiamiamo il 'disegno intelligente'. Un disegno che coinvolge tutti gli aggregati dei medesimi elementi fondamentali attivi in Natura sia 'inanimata' che 'animata' che essa sia. Per questo tutto anche la 'vita' deve pervadere, in misura diversa ma senza continuità, tutte le creature, uomini, animali, vegetali, oggetti e stelle! Per questo occorre che l'uomo non escluda in modo preconcetto Dio e dedichi almeno una frazione delle sue energie a fare i conti coll''anima' che lo collega in colloquio meta-fisico con la sua concezione di Dio in attesa paziente che la curiosità intelligente degli scienziati, e dei Tommaso, trovino la loro 'folgorazione' sulla via di Damasco.

Teilhard è noto per la sua intuizione dell'armonia esistente tra evoluzionismo e disegno intelligente. Charon e gli Arcidiacono si sono addentrati sui problemi di confine in fisica (buco nero) e le loro riflessioni sull'espressione dello 'spirito' in natura. Bearden prosegue studi dell'elettromagnetismo sulla traccia delle ricerche empiriche di Tesla ed alla luce delle ricerche sulla teoria unitaria dell'universo. Corbucci invece è un fisico e medico italiano studioso della filosofia indo-europea tradizionale che ha proposto una intelligente e rivoluzionaria lettura della tavola degli elementi di Mendeleev che lo ha condotto ad ipotizzare l'inesistenza del bosone di Higgs e quindi la fallacità della teoria fondamentale ritenuta oggi consolidata dalla 'accademia' scientifica ed a suggerire invece una sua visione degli scambi di informazione in natura che avverrebbero conservando la esistenza dell''etere' come fonte che alimenta tra loro gli eventi fisici indipendentemente dalla loro distanza spaziale (e forse temporale). Sembra che quella della velocità super-luminare e dell'esistenza dello etere siano elementi sui quali il dibattito scientifico si è rinnovato. Massimo Corbucci si è posto di fronte al problema di base della legge di Natura che potrebbe 'giustificare' la periodicità di disposizione degli elementi noti in natura sulla mirabile tavola degli elementi di Mendeleev nel 1800 e che, 'giustificata' alla luce dell'ordine di riempimento dei livelli atomici che formano le orbite di elettroni attorno ai nuclei di barioni (protoni e neutroni), nel rispetto delle leggi quantistiche dettate dalla fisica atomica, presentava talune inspiegabili discontinuità ed irregolarità.

Per spiegare quelle apparenti irregolarità e dedurre una legge che governi la disposizione in modo più razionale, Corbucci propone una revisione della tavola degli elementi alla luce della numerazione barionica e cioè dei componenti sub-atomici permessi nell'ambito della scala crescente degli elementi naturali.

L'analogia tra le caratteristiche quantistiche che limitano la disposizione degli elettroni sulle orbite degli atomi e quelle relative alle caratteristiche quantistiche che vincolano la disposizione dei barioni all'interno dei nuclei segna un ribaltamento dei criteri di analisi della tavola degli elementi assegnando una priorità ai quark (gli adroni che costituiscono i barioni secondo il modello fondamentale). La tavola composta da Corbucci quindi comincia ad elencare tutti e soli gli adroni sub-nucleari permessi in natura e ne elenca 103. Successivamente riorganizza tutti gli elementi permessi in natura sulla base della coesistenza di quelle 103 particelle e li elenca in tavola di numerazione barionica trovando che il massimo numero di elementi di cui è permessa l'esistenza in natura è 112. Quindi, anche se meccanicamente estendendo la primordiale tavola degli elementi di Mendeleev 'spiegata' tramite la disposizione di ulteriori elettroni sulle orbite sempre più esterne, permettesse un tempo di immaginare possibile l'esistenza (e la produzione artificiale) l'esistenza di elementi superiori al numero atomico 112, la nuova 'spiegazione' della tavola degli elementi colla presenza nel nucleo del numero massimo di adroni nel rispetto dei vincoli quantistici segnala l'impossibilità razionale che possano esistere elementi (e quindi pesi atomici) superiori a 112.

La nuova razionalizzazione proposta da Corbucci inoltre descrive la costruzione atomica dei vari elementi (aufbau) collocando gradualmente i 112 elettroni a spin alternato su e giù in due gruppi, nel primo essi nella parte di 'sinistra' contiene 50 elementi, il secondo invece a 'destra' contiene 62 elementi. Ciò corrisponde, all'interno dei corrispondenti nuclei, un'analoga dicotomia a 'sinistra' ed a 'destra' dei 46 barioni che hanno rotazione lenta di spin ½ e 57 che ruotano velocemente a spin 3/2.

Da questa riorganizzazione della tavola degli elementi che evidenzia questa peculiare ripartizione sia di elettroni atomici che di barioni nucleari in due gruppi di 'sinistra' e di 'destra' emerge anche una netta area di discontinuità nella simmetria che pur potendo contenere 11 barioni, risulta invece vuota. Un'area che si può identificare come zona in cui è presente un ulteriore 'oggetto

quantistico' che non è il bosone di Higgs composto di particolari quark capace di legare tra loro gli altri barioni che compongono gli elementi noti ma è piuttosto l'indicazione d'un elemento 'vuoto quantomeccanico' disomogeneo dagli adroni e responsabile dell'apporto di nuova massa dall''etere' di fondo primordiale di energia che consente ai salti discontinui di elementi di manifestarsi 'estraendo massa' dall'etere ed incarnandola negli adroni, barioni e atomi.
Corbucci in definitiva afferma che non si potrà mai né estrarre il bosone di Higgs dall'etere tramite esperimenti di collisione, né 'fondere' elementi più leggeri a comporne altri di peso atomico superiore a 112.

Relatività (Einstein) contro Etere
Il concetto di etere è largamente screditato dalla comunità scientifica ortodossa che si associa alla teoria della relatività.
In questa visione l'etere non esiste ed è sostituito dallo spazio vuoto.
I corpi, oltre a produrre un più o meno debole campo elettromagnetico, producono un campo gravitazionale proporzionale alle loro massa che, in un'attrazione reciproca, tiene in piedi il meccanismi) della gravitazione universale.
Tesla definiva molto giustamente come 'mistici' coloro che hanno elaborato questa teoria; e cioè non scienziati concreti.
La cosa appare evidente ad una semplice analisi logica: se da un lato l'attrazione elettromagnetica è chiara e comprensibile (atomi ionizzati da qualche forza cedono elettroni ed attirano altri atomi per rimpiazzarli e gli elettroni fluiscono lungo un conduttore), la forza gravitazionale non è stata definita in alcun modo. Insomma, cos'è che perturba le masse dei corpi affinché essi attirino qualcosa?
Attraverso quale 'conduttore' si muove questa forza d'attrazione se, per definizione, il vuoto è un nulla senza estensione?
L'**etere** è una necessità **logica** e di buon senso fisico.
D'altronde se l'energia è il campo primordiale che si trasforma in forze osservabili a seconda delle specifiche sonde immersevi, e se l'energia è quell'entità che non si crea né di distrugge ma si conserva nel corso delle trasformazioni cui viene sottoposta, occorre che

l'etere sia permeato di quest'entità con la quale esso si viene ad identificare. Si spiegherebbe l'esperimento di Michelson come una misurazione 'macroscopica' di differenza dei tempi impiegati dal raggio d'energia luminosa a percorrere nei due sensi opposti l'etere dovuta al fatto che esso ha micro-struttura variabile a seconda delle perturbazioni di cui deve alimentare il tempo. Quella micro-struttura dinamicamente variabile in modo non prevedibile, genera un''integrazione media' lungo il percorso d'attraversamento che si equivale e non può dare contributi macro-scopici alla misurazione delle differenze di tempo e quindi di velocità. I fenomeni quantistici quindi non presenterebbero differenze percepibili rispetto al sistema di riferimento sotto il quale vengono osservati pur esistendo un etere che giustifichi la possibilità di trasmettere stimoli indipendentemente dai tipi di forza in osservazione; siano essi i campi quanto-elettro-dinamici o il gravitazionale.

Resta da vedere che cosa sia e come possa essere composto di qualcosa che si presenta più rarefatto della materia stessa.

Inoltre da questa materia sottile e' possibile estrarre energia ? E non può essere proprio da quella speciale materia che si origina ogni energia che costituisce la massa della materia che produce campi elettromagnetici ?

Possiamo immaginare questa materia sottile come un grande mare primordiale o un'acqua che genera la vita.

Faraday-Maxwell
Introduzione
Si tratta della 'soppressione' di informazioni relativa a una teoria scientifica pienamente consolidata che s'è protratta per un arco di tempo incredibile. Infatti si tratta di un esempio di verità imposta come 'politically correct' dalle elite erudite, dapprima per pigrizia mentale e, successivamente, su pressione di interessi industriali più interessati a ricavare reddito da applicazioni tecnologiche non appropriate a mettere a frutto il potenziale di una teoria che, lungi dall'avere chiuso una piena sistematizzazione dei fenomeni elettrici e magnetici, aveva solamente inaugurato tramite essi una nuova era di scoperte scientifiche - se solo la ricerca fosse stata adeguatamente indirizzata coerentemente alle sue provocazioni suggestive. Si è

trattato di una vera e propria forma di 'censura' preventiva e di esclusione dal dibattito di idee scientifiche che non aderivano al paradigma 'ortodosso' di Newton-Leibnitz e che, quindi, risultarono 'indecenti' e indegne di ricevere attenzione. Fu attribuita maggiore credibilità alla 'riduzione' di Lorentz che fu concepita in 'ortodossia' con quel paradigma.

Il danno al dibattito dei problemi naturali su cui poggia il progresso sociale fu enorme in quanto vennero 'soppresse' dalla circolazione certe informazioni presenti nella teoria Maxwell-Faraday originaria e ne vennero 'dogmatizzate' altre trascurando la loro incompletezza 'scientifica'. Nel linguaggio matematico e nel dibattito che ne derivò fu impedito il principio della 'falsificabilità' della teoria che avrebbe permesso di dibattere tutte le 'ipotesi' intrinseche anziché limitarsi a ingegnerizzarne pochi aspetti parziali come vera e propria 'ideologia dogmatica'. È un esempio storico in ambito scientifico manifestatosi a metà dell'800 quando le 'suggestive' proposte di Faraday sulla realtà fisica dei 'campi' rispetto alle 'forze'. Michael Faraday un vero innovatore del pensiero in fisica nella tradizione umanista e olista si interessava di molti aspetti della scienza tra cui economia e politica com'era tradizione dei filosofi e matematici del tempo, egli suggerì la necessità di enti primari la capacità 'potenziale' di generare campi di forza i quali consentivano solo la misura d'effetti sensibili su sonde specifiche e solo in occasione della loro esposizione ai campi stessi. In assenza delle sonde, sosteneva Faraday, non sparisce dallo 'spazio' la realtà energetica ma vi continua ad essere presente una disposizione di linee di potenziale percorrenza di selettive sonde sensibili alle specifiche forme assunte dal campo energetico in quella area dello spazio. Questa intuizione spostava le riflessioni fisiche dal moto delle 'sonde' immerse nei campi di forza alla disposizione spaziale (forma) assunta dall'unico campo energetico primordiale capace di trasformarsi in occasionali campi di forza le cui manifestazioni sono distinte e descrivibili dalle diverse teorie descrittive della dinamica dei moti osservati. Il campo energetico unitario ha una forma spaziale (topologica) che deve costituire il primario interesse dei fisici ed è la specifica 'forma' assunta dal campo energetico a definire la forma dei campi di forza che esso 'potenzialmente' permette di misurare con teorie settoriali ma tutte riconducibili ad unità superiore; il potenziale unitario del campo energetico primordiale in cui tutto è immerso. La mente creativa e brillante di Faraday si manifestava in tutte le discipline e si esprimeva in modi suggestivi e sintetici. Quando fu interrogato circa le applicazioni pratiche delle sue proposte rivoluzionarie, Faraday rispose "non ho idea di come potrebbero risultare utili in futuro ma sono sicuro che i politici troveranno il modo di tassarle". Le idee qualitative e suggestive di Faraday furono portate da James Clerk Maxwell alla piena dignità d'innovativa teoria scientifica in linguaggio matematico altrettanto innovativo rispetto all''ortodossia' newtoniana che allora dominava il mondo accademico. Maxwell aggiunse ai suggestivi concetti fisici un uso altamente rivoluzionario della descrizione matematica della realtà fisica; la teoria dei gruppi di simmetria allora ancora in corso di sviluppo – legando la descrizione matematica alla trasformazione delle forme dinamicamente indotte dai campi fisici sulle strutture fondamentali indipendentemente dalla disciplina in questione. Le trasformazioni topologiche delle forme erano molto in sintonia con le più moderne innovazioni scientifiche (Darwin e l'evoluzione e D'Arcy Thompson con la crescita e modifica delle forme). Si trattava di scienziati quasi tutti scozzesi e cultori della stessa matematica che Gauss, Abel al tempo stavano costruendo e che oggi è lo strumento fondamentale per giungere ad una teoria unitaria d'universo. Le equazioni molto innovative utilizzate da Maxwell per formalizzare la sua teoria del campo elettromagnetico furono rimaneggiate da Lorentz per ridurle ai concetti e strumenti familiari adottati dal calcolo infinitesimale di Leibnitz e Newton; smarrendo in modo drammatico anche il potenziale innovativo della teoria stessa. Un potenziale innovativo che venne pienamente intuito da Nikola Tesla

nei suoi esperimenti rivoluzionari in materia applicativa dell'energia del campo elettromagnetico esistente 'gratuitamente' in natura.
Riportiamo nel seguito una sintesi di quella 'riduzione' (pienamente legittima sul piano matematico, ma 'riduttiva' su quello fisico) che Lorentz esercitò sull'originaria teoria di Faraday-Maxwell.
Lo 'scientifically correct' imposto dal senso comune prevalente in ambito accademico limitò la 'libertà di ricerca' e impose un ritardo d'oltre mezzo secolo all'innovazione scientifica e tecnologica.
Esistono analoghi casi eclatanti nella recente storia politica mondiale d'idee imposte come 'scientifiche' attraverso il concetto di 'politically correct'. Di ciò è emblematica in politica l'egemonia, dapprima, e le costanti 'tolleranze' che fino ad oggi ha ricevuto il 'socialismo scientifico' (che a una vera critica scientifica avrebbe condotto ad escludere il 'comunismo' dallo scenario globale ben prima del 'crollo del muro' di Berlino) rispetto alla totale stigmatizzazione acritica di ogni iniziativa attuata dai 'fascismi' e la 'soppressione' censoria di ogni documento che potesse nuocere al trattamento di una critica storica 'ortodossa' e totalmente 'a-scientifica'.
Si ricordano i casi di già affermati scienziati e accademici emarginati e perfino condannati al carcere per le loro 'teorie provocatorie' (una vera e propria 'caccia alle streghe' del 'politically correct' nel 2000). In campo scientifico grazie al concetto di 'politically correct' si è consolidata sin dagli anni 1970 una stretta cooperazione tra politica ed 'accademici ortodossi' (compensati con finanziamenti e incarichi di prestigio a spese del contribuente) in diverse materie. La ricerca di stato è divenuta prioritaria rispetto a quella privata in molti Paesi trasferendo il rischio delle scelte dall'industria privata (che può fallire e deve comunque rientrare dei costi in competizione sul libero mercato) al contribuente (addossandogli sia l'inefficiente allocazione delle risorse che caratterizza lo stato sia la sua impossibilità di 'fallire' se fallisce nelle scelte di nomine e di finanziamenti).
Un caso attuale è quello dell'eco-terrorismo che non ha alcuna base scientifica né nel suo manifestarsi né nelle sue cause eventuali ma

viene perfino elevato dall'accademia mondiale alla dignità massima di credibilità con l'attribuzione del Premio Nobel ad un politico (che peraltro aveva già fallito anche in quella professione) sulla base di conclusioni difformi tra cui viene imposta dignità 'scientifica' sulla base di un criterio assolutamente anti-scientifico (la maggioranza dei consensi) a quelle favorevoli ai desideri politici rispetto ad altre ad esse contrarie.

Se le ipotesi di Copernico, Galileo, Maxwell, Einstein o Bohr si fossero dovute affermare 'a maggioranza' di consensi saremmo ancora al sistema Tolemaico o allo 'spazio-tempo' Newtoniano. Ma esiste una ancora più subdola azione del 'politically correct' che è pericolosa per la sopravvivenza della civiltà Occidentale in quanto incide sullo stesso dibattito politico in Parlamento e tra l'elettorato.

Il 'politically correct' ci interdice l'uso di taluni vocaboli chiaramente comprensibili e ci impone invece l'uso sostitutivo di altri più equivoci ma la cui legittimità 'scientifica' è sostenuta dalla filosofia del 'pensiero debole' e del 'relativismo'. Ciò al fine di promuovere supposte dosi di maggiore 'tolleranza' tra 'diversi' che in tal modo vengono semplicemente 'raggruppati' come minoranze cui lo stato, con provvidenze fiscali, si fa carico di garantire trattamenti a-misura delle specifiche esigenze. Una sorta di asilo d'infanzia ove un paterno tutore elargisca pari dosi di compensi e impedisca che si rischino frustrazioni nel corso dell'interagire tra 'soggetti' dotati di diverse doti ma uguale diritto a ricevere gratificazione. Una benevola 'elargizione selettiva di felicità' indipendente dai meriti personali.

L'opposto di quanto descrive una comunità di adulti ritenuti individualmente responsabili di potersi guadagnare la altrui stima in funzione delle dimostrate personali prestazioni basate sul proprio peculiare profilo di doti umane e abilità professionali. Pur nell'ambito di ogni possibile, umano 'pregiudizio' da vincere come prova e gratificazione del personalissimo successo.

Un emblematico esempio di 'stigma' attribuita ai vocaboli da parte della grammatica 'politically correct' che conduce a sviluppi mistificanti nella semantica è l'avere assegnato una pregiudiziale accezione negativa alla parola 'negro'. A parte l'assoluta assenza di qualsiasi contenuto 'scientifico' anche secondo i criteri usata dalla genetica nella classificazione delle 'razze' di animali la definizione di 'negro' si riferisce solo a una gamma di colorazioni della pelle. Esistono drammatiche diversità tra chi si può ragionevolmente definire 'negro' (somali, watussi, hutu, bantù) così come ne esistono tra chi può essere a ragione chiamato 'caucasico' (tibetani, nepalesi, iraniani, pakistani, scandinavi, anglo-sassoni, mittel-europei). Comunque non si capisce la ragione di sostituire un termine di così generica classificazione con altri molto meno caratterizzanti come quello di 'colorato' poi abbandonato (per il suo attribuire un 'colore' - ritenuto 'stigma') per il termine 'afro-americano' col risultato pateticamente comico di definire 'afro-americano' perfino Nelson Mandela il presidente del Sud Africa che non può di certo soffrire di alcun complesso di inferiorità per il suo stato di Natura di Negro. Ben più dignitoso e di successo rispetto ai suoi concittadini Bianchi. Così vale per Louis Armstrong, per Sammy Davis Jr., per i tanti artisti negri e per intellettuali e politici negri come Condoleezza Rice, Colin Powell e perfino Farrakhan e tanti altri orgogliosi della loro appartenenza razziale invece di nasconderla dietro una terminologia 'suggerita' da demagoghi bianchi di pelle ma 'nigger' nello spirito (da Ted Kennedy a tutti coloro che ghettizzano i negri per sfruttarne lo stato di 'minoranza handicappata' raccogliendone il voto a sostegno di illiberali programmi di ausilio statale e di asservimento dei più diseredati.

Altre strane forme di abuso illiberale del concetto di 'politically correct' si possono reperire nello 'stigmatizzare' il significato di 'normale' un dato solo 'statistico' e quindi fondamento di ogni analisi scientifica. Si pretende di attribuire un valore 'relativo' anche al concetto di 'normale' per estendere tale attributo anche a minoranze quali gli 'omosessuali' la cui frequenza statistica nelle abitudini della popolazione non è affatto 'normale'.

Si pretende altresì di rifiutare ogni miglioramento dei programmi educativi a-misura dei più 'diversi' profili delle modalità di apprendimento che caratterizzano gli allievi 'normali' rispetto ad altri, che sono 'diversamente dotati' (più 'veloci' o più 'tardi' lungo i programmi educativi standard attuali). Obbligando con ciò tutti gli allievi indiscriminatamente a seguire identici programmi didattici col risultato di annoiare i più dotati (handicappandone la crescita) per imporre un'omogeneizzazione improbabile tra 'diversi' profili umani che hanno mille altri modi 'informali' (e magari illegali) per riconoscersi e per rivendicare il diritto a manifestare orgogliosamente la propria diversità naturale.

La 'riduzione' della teoria originaria di Faraday-Maxwell

Tale fenomeno di intromissione della 'politica' anche nella scienza più astratta (a quei tempi) segnala che oggigiorno il 'problema globale dell'energia' non è un problema industriale ma è un problema che presenta aspetti geo-politici e di politica industriale di forte impatto sugli equilibri istituzionali in cui l'innovazione tecnologica ha da sempre avuto un ruolo egemone in particolare nel contesto della civiltà 'Occidentale' e delle sue istituzioni liberal-democratiche. Riepiloghiamo di seguito ciò che avvenne in un linguaggio matematico stringato ma corretto a corredandolo di descrizione 'narrativa' per agevolarne la lettura anche a chi ritenesse 'incomprensibili' i simbolismi che tuttavia tutti noi abbiamo studiato sui banchi della scuola media superiore.

- Maxwell aveva riepilogato tutti i fenomeni elettrici e magnetici noti alla sua epoca nell'ambito di un insieme di 20 equazioni in 20 incognite,
- Le 20 equazioni in 20 incognite riepilogavano i fenomeni elettrici e magnetici che erano stati descritti empiricamente fino allora dalle osservazioni sperimentali (cfr. elenco in Torrance)
- L'insieme di 20 equazioni in 20 incognite era quello minimo sufficiente e necessario per descrivere tutte le leggi empiriche e

costituiscono una teoria che le riassume in modo sintetico. Essa, come ogni teoria unitaria, spiega i tanti fenomeni come manifestazioni settoriali di un numero più ridotto di 'enti fisici progenitori' che Maxwell propose in 2 'campi elettromagnetici' (uno vettoriale e l'altro scalare) che riassumevano quindi tutte le 20 equazioni in 20 incognite in un insieme ristretto di 4 equazioni ove figuravano 2 componenti *vettoriale e scalare*:

$$\nabla \times E = -B$$
$$\nabla \times H = J+D$$
$$\nabla \cdot B = 0$$
$$\nabla \cdot D = \varrho$$

in cui

E = intensità del campo elettrico;
H = intensità del campo magnetico;
B = induzione magnetica;
D = spostamento elettrico;
J = densità di conduzione di corrente;
ϱ = densità di carica elettrica.

- Tale insieme 'ristretto' di equazioni inoltre può essere ancora ridotto in 2 sole equazioni in cui i campi vettoriale e scalare sono spiegati come aspetti osservabili di 2 potenziali, *vettoriale e scalare*, che descrivono la distribuzione del campo d'energia potenziale del campo elettromagnetico unitario nello spazio:

I) $(-c^2 \nabla^2 A + c^2 \nabla(\nabla \times A) + \delta(\nabla \Phi)/\delta t + \delta^2 A/\delta t^2 = j/\varepsilon_0)$ e,
II) $-\nabla^2 \Phi - 1/c^2 \delta/\delta \Phi^2 = \varrho/\varepsilon_0.)$

- Maxwell a quel punto doveva formalizzare in un linguaggio matematico rigoroso tutte le 'relazioni quantitative' tra gli specifici fenomeni che la sua sintesi organica e unitaria potesse dimostrare di poter prevedere in valori che corrispondessero effettivamente a quelli osservati nella realtà sperimentale

- Maxwell propose equazioni da lui dettagliate con un formalismo matematico alquanto inusuale e molto complesso per l'epoca ancora affascinata dalla semplicità e potenza del calcolo infinitesimale che Newton e Leibnitz avevano adottato per descrivere il movimento dei gravi sotto azione di campi di forza vettoriali in uno spazio euclideo tridimensionale a metrica commutativa (in cui cioè il prodotto tra due valori non dipende dalla loro sequenza); metrica cioè in cui:

$$A.B = B.A$$

- Maxwell adottò invece i 'quaternioni' (una sorta di quadrivettori operanti in spazio curvo con metrica non commutativa (in cui cioè il prodotto tra due valori è diverso a seconda della sequenza adottata:

$$A.B \neq B.A)$$

- Maxwell avrebbe avuto piena legittimità e possibilità di scegliere la metrica vettoriale allora popolare nella dinamica dei corpi e così estrarre dalla sua teoria le deduzioni formali ricavate dalle regole di trasformazione coerenti con tale diversa scelta che avrebbe obbligato al rispetto della diversa sintassi. Questa libertà e obbligo di coerenza, in fisica è permessa e si chiama 'libertà di gauge' (libertà cioè per lo scienziato di scegliersi il 'sistema di riferimento' topologico)

- La rappresentazione matematica condusse a riepilogare le 20 equazioni in 20 incognite nella forma di 4 equazioni in cui sono presenti, e tra loro interdipendenti, i campi magnetico e elettrico in forma vettoriale e scalare ma lasciando liberi di scegliere quali tipi di vettori adottare e, con essi, la coerente metrica e il tipo di spazio della loro esistenza:

$$\nabla \times E = -B; \quad \nabla \times H = J + D; \quad \nabla \cdot B = 0; \quad \nabla \cdot D = \varrho),$$

- Un'ulteriore riduzione delle equazioni in forma più sintetica è, come detto, la seguente che descrive le relazioni tra i campi elettrico e magnetico come aspetti di due 'campi-potenziali elettro-magnetici' l'uno *vettoriale* e l'altro *scalare*:

I) $\quad (-c^2 \nabla^2 A + c^2 \nabla(\nabla x A) + \delta(\nabla\Phi)/\delta t + \delta^2 A/\delta t^2 = j/\varepsilon_0)$ e,

II) $\quad -\nabla^2\Phi - 1/c^2 \delta/\delta\Phi^2 = \varrho/\varepsilon_0.))$,

- Maxwell ebbe un'ulteriore intuizione, che cioè quei due campi di potenziale avessero un significato fisico e non fossero solo un formale artificio matematico. Essi in altri termini costituiscono una struttura realmente esistente in Natura, un duplice aspetto assunto dal campo di energia elettromagnetica.

- Se in natura i campi-potenziali d'energia elettromagnetica sono due, uno *scalare* e l'altro *vettoriale*, rappresentati dalle due equazioni del punto precedente, essi hanno valori quantitativi propri e diversi in relazione alla loro rappresentazione della distribuzione d'energia irradiata dai corpi stellari nello spazio-tempo,

- Le due equazioni sono tra loro autonome pertanto le deduzioni quantitative che ciascuna di esse permette non sono tra loro in un rapporto fisso. Mentre ciascuna delle due permette il calcolo della distribuzione d'intensità di ciascuno dei due campi esse danno quelle due distribuzioni sfasate tra loro in valore a meno d'un ammontare costante dato da:

$$c^2 \nabla(\nabla x A) + \delta(\nabla\Phi)/\delta t$$

se si scegliesse nello spazio-tempo un 'punto di riferimento' particolare nel quale il valore di

$$(\nabla x A = -1/c^2 \delta\Phi/\delta t),$$

quell'elemento di differenza costante ' azzererebbe e stabilirebbe una piena fasatura d'intensità tra i due campi,

- La relazione tra i valori assunti dalle 2 equazioni sintetiche del potenziale vettoriale e scalare elettromagnetico descrittive del loro comportamento, è insomma relazione tra valori relativi e differisce per un ammontare costante che dipende solo dalle condizioni del punto spaziale in cui viene scelto di misurarli (cfr. il fattore di diversità:

$(\nabla \times A = -1/c^2 \delta \Phi / \delta t)$,

- Pur di scegliere un opportuno riferimento spaziale (gauge), il fattore di diversità può quindi essere ridotto a zero. Questo è infatti uno dei possibili valori assunti dalla costante in un seppure specifico riferimento (la scelta di un *gauge* particolare servì ad attribuire allora una forma simmetrica alle due espressioni:

vettoriale $(\nabla^2 A - 1/c^2 \delta^2 A / \delta t^2 = -j/\varepsilon_0 c^2)$ e
scalare $(\nabla^2 \Phi - 1/c^2 \delta^2 \Phi //t^2 = -\rho/\varepsilon_0))$.

La scelta d'un sistema di riferimento in cui quella costante assume valore nullo conduce le due equazioni del potenziale vettoriale e scalare a presentare forma matematica simmetrica le cui soluzioni (funzioni d'onda) sono funzioni di tipo sinusoidale:

I) $(\nabla^2 A - 1/c^2 \delta^2 A / \delta t^2 = -j/\varepsilon_0 c^2)$ e
II) $(\nabla^2 \Phi - 1/c^2 \delta^2 \Phi //t^2 = -\rho/\varepsilon_0))$.

- Lorentz impose queste, seppur riduttive, doppie semplificazioni in modo legittimo
I)   il *gauge* – lo spazio euclideo e commutativo – e
II) l'*azzeramento del valore relativo* tra i 2 potenziali)
solo al fine di facilitare l'insegnamento della teoria elettro-magnetica
- Tuttavia quella scelta di Lorentz comportò di abbandonare la metrica dei quadrivettori in spazio curvo non commutativo e di trascrivere in metrica vettoriale in spazio piano euclideo le equazioni da lui ridotte nella difficoltà,
- Grazie alla rappresentazione in 4 equazioni riepilogativa del comportamento organico dei 2 potenziali vettoriale e scalare del campo d'energia elettromagnetica che esiste in Natura in un carattere pervasivo e 'gratuito' che Maxwell ci ha fornito si possono ricavare, come 'casi particolari' tutte le 20 'leggi' descritte su base empirica dietro l'osservazione dei fenomeni da cui egli era partito,

- Tuttavia se si deducono le 20 'leggi empiriche' dalla sua teoria originaria (quaternioni a metrica non commutativa non euclidea) esse contengono aspetti di soluzioni teoriche (funzioni d'onda) ben più ricche di quelle che possono essere rilevati invece dalla versione 'ridotta' di Lorentz (trivettori metrica commutativa euclidea)
- Infatti il risultato della duplice, pur legittima, semplificazione fu quello di ridurre per ogni uso pratico e teorico il numero di possibili previsioni che invece la sintetica e più potente forma scelta in origine da Maxwell consentiva di dedurre dalle sue 20 leggi. Ciò ha condotto ad una corrispondente perdita di 'potenza' di quella teoria a fornire 'informazione scientifica' ed a promuovere innovazione tecnologica, fino ad oggi,
- Infatti da allora tutte le applicazioni tecnologiche della teoria elettromagnetica si sono sviluppate trascurando il potenziale di possibili applicazioni che venne smarrito a causa della pur legittima, riduzione semplificativa di Lorentz-Heaviside,
- Lo sviluppo delle conoscenze scientifiche successive alla teoria originaria di Maxwell hanno potuto dare conferma della correttezza delle deduzioni teoriche della teoria di Maxwell non solo sul fatto che la luce fosse un aspetto 'locale' dello stesso campo elettromagnetico ma sulla sua originaria intuizione circa la struttura non commutativa e curva dello spazio-tempo (cfr. compatibilità tra le teorie di Maxwell e di Einstein) e anche dell'esistenza fisica di onde elettromagnetiche a propagazione inversa nel tempo con trasmissione di energia virtuale (la scomposizione in somme di 'treni d'onda' bidirezionali venne proposta formalmente da Whittaker),
- Tra gli studiosi dell'epoca che riuscirono a percepire il pieno valore della originaria teoria elettro-magnetica di Maxwell figurò Nikola Tesla, un ricercatore che applicò dapprima le previsioni della stessa allo sviluppo di brevetti per generare potenza elettrica in corrente alternata (sostituendo le vecchie centrali in corrente continua con impianti a rendimento più alto) per poi concentrarsi

sulla ricerca di trasmissione d'onde di potenza elettrica a distanza via etere (eliminazione delle costose e dispersive linee di potenza e produzione di sistemi d'arma a radiazione), infine sulla ricerca di raccolta gratuita dell'energia elettromagnetica irradiata dagli oggetti stellari e disponibile sotto forma di campo di energia onnipresente e pervasivo in ogni tempo e punto fisico dello spazio-tempo la cui struttura fosse quella ipotizzata dallo spazio di esistenza dei quaternioni scelti da Maxwell

- Si può riepilogare quanto esposto affermando che esiste in Natura un campo di energia elettro-magnetica che pervade tutto lo spazio-tempo dalla sua origine per tutta la sua 'durata'. Tale campo energetico è rinnovato costantemente dai fenomeni stellari ed è quindi 'disponibile gratuitamente' in ogni punto del cosmo purché si riuscissero a identificare i fenomeni elementari grazie ai quali l'energia viene emessa e resa disponibile. Un impegno in teoria elettromagnetica e in quella quanto-elettro-dinamica potrebbe conseguire nella pratica quei successi che Nikola Tesla ricercò per tutta la sua vita seguendo intuizioni geniali ma frustrato dalle carenze sia di componentistica tecnologica (elettronica) sia di quella fisico-matematica della sua epoca

- Il problema dell'energia, come abbiamo detto, non è un problema industriale ma incide sugli equilibri geo-politici in cui l'innovazione tecnologica gioca da sempre un ruolo egemone di traino.

Tesla-Edison-Marconi
Cosa cercava di applicare Tesla in tema energetico
Dalla lettura della teoria del campo elettromagnetico di Maxwell, Tesla aveva ricavato una sua visione semplificata delle relazioni tra "uomo e energia" (uomo-natura) in un modo che si puó riassumere come segue.
Tutto in Natura é "energia". Essa costituisce un campo unitario e primordiale che assume le molte manifestazioni osservabili in modo diverso solamente grazie ai diversi modi in cui l´energia si trasforma da un tipo a un altro di campi di forza che si manifestano a seconda della specifica "sonda" che vi dobbiamo immergere per potere esercitare le nostre misure sperimentali.
Se tutta la "realtá" puó riassumersi in un campo energetico unitario, é evidente che ció che osserviamo della realtá che ci circonda non sia altro che un insieme di "cose" (eventi osservabili) immerse in un campo di energia che le attraversa e che proviene in modo "gratuito" e rinnovato costantemente dalle stelle (tra le quali la piú prossima a noi é il Sole ma che non é l´unica a irradiarci d´energia). Un campo che é destinato ad esaurirsi solo con l´estinguersi di questo assetto "fondamentale" della realtá naturale; l´energia stellare.
Si trattava di un´attualizzazione della lezione filosofica greca che afferma "nulla si crea, nulla si distrugge, tutto si trasforma".
Ció che noi uomini riusciamo a fare con la tecnologia é solamente il "trasformare" quantitativi "gratuiti" d´energia da una forma non utilizzabile in altre piú utilizzabili.
Le forme piú primitive di impiego dell´energia fornitaci gratuitamente dalle stelle sono quelle che "bruciano" i combustibili formatisi in epoche geologiche e che sono stati immagazzinati nelle miniere di carbone, nei pozzi di petrolio, nel legno delle foreste e nelle miniere dei materiali nucleari fissili o di quelli di cui é possible ottenere la "fusione".

Si tratta di "bruciarne", in appositi processi di combustione controllata, quantitativi atti a generare calore (vapore) che a sua volta genera energia meccanica di rotazione e, infine, di sfruttare questa forma di energia meccanica per muovere fisicamente delle masse oppure per trasformare a sua volta quella forma di energia meccanica in energia elettrica a corrente continua o a corrente alternata idonee alla distribuzione alle utenze finali piú remote.
Ogni fase di trasformazione di forma dell´energia richiede il passaggio attraverso specifici processi tecnologici che presentano (impongono) un ammontare di dissipazione interna dell´energia da trasformare e che quindi possono restituirne in forma diversa solamente ammontare piú ridotti. Ció caratterizza il "rendimento" dei processi tecnologici nelle loro fasi di conversione e di trasporto tra la fonte e la gerarchia delle utenze finali.
Tesla si dedicó dapprima a questo tipo di trasformazioni dell´energia criticando i processi in corrente continua di Edison e sostituendoli con processi tecnologici in corrente alternata caratterizzati da rendimenti piú elevati sia nelle fasi della produzione, che della trasformazione e del trasporto dalla fonte di generazione alle utenze.
Il suo secondo passo in questo campo fu quello di criticare gli stessi processi di trasformazione in corrente alternata che egli affermava essere fondati su una (legittima ma riduttiva) "semplificazione" della struttura originaria formulata da Maxwell per il campo elettromagnetico. Semplificazione che ne aveva costretto a studiare ed a progettare applicazioni "riduttive" incentrate sui soli tipi di processi "simmetrici" adottati dai macchinari ancora a noi noti in ingegneria elettrotecnica che sono costretti (dalla simmetrizzazione derivante da quella "semplificazione" della teoria originaria) a eseguire cicliche ed inutili "dissipazioni" dell´energia da essi stessi generata puramente a causa della simmetrizzazione dei processi ripetitivi d'apertura e chiusura di quei particolari circuiti di generatori elettrici.
Altre forme meno primitive di estrazione dell´energia fornitaci in modo "gratuito" dalle stelle sulla Terra studiate da Tesla sono quelle

che si limitano a "raccoglierne" le dosi giá distribuite in Natura in modo disomogeneo sulle strutture fisiche da noi raggiungibili per convogliarle in tempi, quantitá e luoghi utili alle esigenze dell´uomo.
Tesla in questo campo studió la distribuzione delle cariche elettrostatiche che si trovano accumulate (e che vengono costantemente rinnovate "gratuitamente" dagli agenti atmosferici) in modo altamente disomogeneo sulle strutture naturali orografiche (boschi, colline, valli, laghi, fiumi, etc.) per innescarne processi di scarica, controllata in tempo, dosi e direzione volute, in un suo laboratorio situato a New York e finanziato da J.P.Morgan; la Radclyff Tower.
Nella stessa localitá Tesla studió poi un´altra forma di utilizzo dell´energia "gratuita" delle stelle tentando di raccogliere e convogliare le enormi quantitá di energia elettrostatica presenti nei fenomeni atmosferici piú drammatici (temporali, uragani, tifoni, etc.) realizzando artificialmente fenomeni sperimentali che sono stati registrati dalle cronache della stampa locale e sono studiati anche dai servizi segreti militari fino a oggi.
Un ultimo tipo di sfruttamento dell´energia "gratuita" erogata di continuo dalle stelle e distribuita in modo pervasivo, omogeneo e diffuso su tutta la Terra al cui studio Tesla si é dedicato, é poi quello che presenta il maggiore potenziale innovativo e che dimostra la genialitá delle intuizioni di Tesla.
Si tratta di un´intuizione ante-litteram dell´esistenza dei processi quantistici che Tesla non poteva a quel tempo né conoscere né osservare ma che egli intuí col solo estendere il concetto di "campo energetico unitario" della Natura. Una visione olistica che si distacca dalla visione riduzionista e parcellizzante delle osservazioni specialistiche delle "forze" cui gli scienziati si erano ormai dedicati al suo tempo innescando l´era della frammentazione delle conoscenze.
Tesla riteneva che il campo energetico unitario e primordiale – in quanto unica realtá esistente in Natura – dovesse essere

caratterizzato da un´intima unitarietá e organicitá la cui struttura formalmente unitaria la teoria di Maxwell aveva tentato di suggerire fondendo tra loro fenomeni solo in apparenza difformi come elettricitá, magnetismo e ottica (e infatti rivelatisi successivamente pienamente "coerenti" con la struttura dello spazio-tempo della relativitá gravitazionale di Einstein e con la quantistica della teoria quanto-elettro-dinamica di Dirac).
Questa sua convinzione filosofica lo portó insomma a intuire che le "forme osservabili" dall´uomo non siano altro che conseguenze macroscopiche di accumuli di "dosi elementari" di energia che si formano costantemente al livello microscopico all´interno del corpo delle stelle e che vengono da esse irradiati nel cosmo in modo diffuso ed omogeneo pervadendo cosí ogni punto dello spazio sia all´interno degli stessi osservatori che al loro esterno e da essi osservabili solamente al manifestarsi di specifici fenomeni sollecitati sui quattro campi di forza a noi noti tramite "sonde" cui i campi stessi sono sensibili.
Ció condusse Tesla a intuire i fenomeni elementari microscopici, sub-atomici, quantistici e "virtuali" essere le vere manifestazioni fondamentali del campo di energia primordiale e in costante rinnovamento e il loro invisibile accumularsi con un insieme di fasi di preparazione di quantitativi di energia (pacchetti) autorizzati a poter innescare solo periodicamente i fenomeni da noi osservabili (transizioni quantistiche "reali" sia sul piano elementare che su quello macroscopico). Una sorta di intuizione dell'"energia nera" non osservabile cui oggi attribuiamo il 95% dell'energia cosmica globale.
Al suo tempo non esisteva una teoria della fisica quantistica né Feinman aveva ancora ipotizzato il suo meccanismo del "ratchet" (una sorta di "meccanismo d´accumulazione" analogo al meccanismo della ´ruota libera´ nelle biciclette) per consentire che avvenga l´accumulazione di eventi quantistici "virtuali" che riescano gradualmente ad aggregare dosi di energia non osservabile

fino a raggiungere la saturazione di livelli quantistici tra i quali possano invece avvenire le transizioni d´energia osservabili sperimentalmente.
Le sue intuizioni vennero condotte con esperimenti di laboratorio primitivi in quanto troppo prematuri rispetto non solo alle conoscenze scientifiche ma anche rispetto alle disponibilitá della componentistica tecnologica ancora troppo primitiva di allora che ignorava l´elettronica, i meccanismi di controllo digitale allo stato solido e i fenomeni di amplificazione indotta dalla risonanza tra onde coerenti.
Tesla rifiutó di condividere ben due premi Nobel per la sua assoluta e dimostrata anticipazione nelle ricerche applicate condotte rispetto ai candidati a condividere il merito dei Nobel; Thomas Edison (per i brevetti di produzione di potenza elettrica in corrente alternata) e Guglielmo Marconi (per la trasmissione di fasci di onde radio in alta potenza da lui realizzati ben prima dei segnali di radio-telegrafia).

L'Etere nella storia delle scienze fisiche e in metafisica

Il termine "aether" in greco significa "splendore", e la realtà fondamentale di una tale invisibile, fluida sorgente di energia universale è da sempre una delle caratteristiche delle scuole segrete misteriche di tutto il mondo nella tradizione massonica. Le opere dei filosofi greci Pitagora e Platone vi dedicano molto spazio, così come le scritture dei Veda dell'antica India; queste opere chiamano l'etere in molti modi fra cui "prana" o "Akasha". In Oriente, esso è conosciuto come "chi" o "ki", e viene data una speciale importanza alle sue interazioni con il corpo umano, come nella scienza dell'agopuntura.
Maestri e adepti che ereditassero una tale tradizione segreta potrebbero eventualmente imparare a manipolare quest'energia, creando risultati para-normali: levitazione, teletrasporto, guarigioni istantanee, telepatia, manifestazioni e simili. Tali risultati sono stati ripetutamente documentati nel XX secolo e studiati in laboratorio.

L'esistenza dell'etere è stata accettata senza riserve nei circoli scientifici a partire dai primi anni del XX secolo, dopo che l'esperimento Michelson-Morley del 1887 era stato "cooptato" per provare che una simile forma d'energia nascosta non esisteva in quanto non provocava effetti su quello specifico esperimento . Esperimento che ipotizzava un continuum omogeneo e topologicamente stabile per l'etere. La struttura dell'etere come fondo energetico di micro-cellule quantizzate ed animate da elevata turbolenza permette di ipotizzare comportamenti capaci di distorcere la interpretazione dei risultati di quell'esperienza; oltre a recuperare un buon senso fisico alla necessità che esista un 'etere' che garantisca l'eliminazione del concetto divergente di vuoto che trascende ogni possibilità di definizione topologica o logica astratta e quindi non presenta neanche possibile trattazione scientificamente falsificabile.

L'ipocrisia accademica adotta oggi un termine più rassicura nte come "quantum medium" anziché la parola proibita "etere", per parlare sui media senza sembrare poeti.

L'*establishment* scientifico di base è assai duramente polarizzato contro chiunque si avvicini a una teoria "eterica". In analogia con quanto escluse Nikola Tesla dall'accademia non ostante l'adozione in pratica delle sue invenzioni (brevetti "Edison") e non ostante la "scoperta" che l'originaria teoria elettro-magnetica di Faraday-Maxwell (relativista avant la lettre) era stata da lui adottata per le ricerche avanzate finanziate da J. P. Morgan con privilegio rispetto a Edison.

Uno dei primi esempi della prova dell'esistenza dell'etere proviene dal dott. Hal Puthoff, scienziato della Cambridge University che menziona di frequente gli esperimenti compiuti all'inizio del XX secolo, *prima* dell'avvento della teoria meccanica dei quanti, che *cercavano di definire se ci fosse una forma di energia nello spazio vuoto.*

Per verificare quest'idea in laboratorio, era necessario creare uno

spazio completamente privo di aria (il *vacuum*), schermato e protetto da tutti i tipi di radiazione elettromagnetica, usando ciò che è noto con il nome di gabbia di Faraday.
Questo *vacuum* veniva portato alla temperatura di meno 273 gradi (lo zero assoluto), alla quale tutta la materia dovrebbe smettere di vibrare e di produrre calore. Questi esperimenti provarono che, anziché assenza d'energia nel vacuum, si verificava un tremendo aumento di essa, per giunta da una fonte non-elettromagnetica!
Il dott. Puthoff ha spesso definito questo processo come "un calderone in ebollizione" d'energia alla più elevata magnitudine. Dato che questa energia potrebbe essere trovata allo zero assoluto, tale forza è stata chiamata "energia del punto zero" o ZPE (zero point energy), mentre di solito gli scienziati russi la definiscono "vacuum fisico", o PV (physical vacuum).
Recentemente, i fisici John Wheeler e Richard Feynman hanno calcolato che: la *quantità di zero point energy nel volume spaziale d'un singolo bulbo luminoso è abbastanza potente da portare tutti gli oceani del mondo al punto d'ebollizione!*
Non abbiamo insomma a che fare con una forza tenue e invisibile, ma con una fonte di potenza incredibilmente elevata, che potrebbe avere capacità necessaria per sostenere l'esistenza di tutta la materia fisica.
Nella nuova visuale scientifica che emerge dalla teoria dell'etere, tutti i quattro campi di forza (il gravitazionale, il nucleare forte, quello debole e il campo elettromagnetico), in sostanza sono solo *differenti manifestazioni dell'etere/ZPE*; che non si crea, non si distrugge ma si 'trasforma'.
Per avere un'idea di quanta energia "libera" esista intorno a noi, il prof. M.T. Daniels calcola che la densità di energia gravitazionale vicino la superficie della terra corrisponde a $5,74 \times 10^{10}$ (t/m^3).
In questo modello la gravità potrebbe essere semplicemente un'altra forma di manifestazione dell'etere.

I calcoli del prof. Daniels rivelano che il prelievo dal campo gravitazionale di 100 kilowatt di questa potenza d'"energia libera" intacca una porzione estremamente piccola (0,001%) dell'energia naturale che è stata prodotta in quell'area.
La sensazionale prova scientifica che tutta la materia fisica è formata da un "etere" di energia invisibile e cosciente risale almeno agli anni '50. L'astrofisico russo Nikolaj A. Kozyrev (1908-1983) ha dimostrato senza ombra di dubbio che debba esistere una simile sorgente d'energia; il risultato fu che egli divenne una delle figure più controverse nella comunità scientifica russa.
Le imponenti conseguenze delle sue ricerche, e di tutti coloro che lo seguirono, furono nascoste dall'ex Unione Sovietica.

Analogie per comprendere le scoperte di Kozyrev

Come suggerisce la teoria della relatività di Einstein, tutta la materia fisica, in ultima analisi, è composta da *pura energia*, e non vi sono "particelle pesanti" da rinvenire nel regno quantico. Sempre più spesso la comunità scientifica viene forzata ad accettare il fatto che gli atomi e le molecole siano come la fiamma di una candela, in cui l'energia che essa rilascia *(come il calore e la luce della fiamma)* deve essere bilanciata dall'energia che assorbe *(come la cera della candela e l'ossigeno dell'aria)*.
Quest'"analogia della candela" è un tratto distintivo del modello del dott. Hal Puthoff, con cui egli cerca di spiegare per quale motivo l'elettrone concettuale non irradi intorno tutta la sua energia e non precipiti dentro il nucleo. Questo apparente "moto perpetuo" entro l'atomo viene spiegato dai più semplicemente come "la magia della meccanica quantistica".
L'opera di Kozyrev richiede rigorosamente che noi siamo in grado di visualizzare tutti gli oggetti fisici della materia dell'Universo come se essi fossero spugne immerse nell'acqua. In tutte queste analogie, dovremmo considerare le spugne come se fossero rimaste immerse nel liquido per tutto il tempo sufficiente perché giungessero ad

essere sature. Tenendo presente questo, ci sono due cose che possiamo fare con quelle spugne imbevute: possiamo *diminuire* il volume dell'acqua da esse contenuto oppure aumentarlo, per mezzo di alcune procedure meccaniche molto semplici.

- 1. *diminuire*: se una spugna imbevuta viene strizzata, raffreddata o ruotata, parte dell'acqua in essa contenuta sarà rilasciata nelle vicinanze, diminuendo la sua massa. Lasciando riposare la spugna subito dopo, la pressione dei milioni di piccoli pori viene alleggerita, portandola a poter di nuovo assorbire altra acqua ed *espandersi di nuovo verso la sua normale massa a riposo*.

- 2. *incrementare*: possiamo anche pompare più acqua nella spugna in posizione di riposo, scaldandola (facendola vibrare), portando così i pori a espandersi più della loro capacità ricettiva normale. In questo caso, dopo aver tolto la pressione aggiunta, la spugna rilascerà naturalmente l'acqua in eccesso e si ritrarrà di nuovo alla sua massa a riposo.

Anche se potrebbe apparire impossibile al senso comune, Kozyrev ha dimostrato che scuotendo, facendo girare, riscaldando, raffreddando, facendo vibrare o rompendo oggetti fisici, il loro peso può essere aumentato o diminuito di piccole ma significative unità.

Background del prof. Kozyrev

Il mondo occidentale ignora Kozyrev, saranno quindi utili alcune note biografiche e informazioni di ricerca che mostreranno anche come egli sia uno dei più eminenti pensatori russi del XX secolo. La prima pubblicazione scientifica di Kozyrev ebbe luogo quando aveva diciassette anni; gli altri scienziati si meravigliarono della profondità e della chiarezza della sua logica. La sua attenzione principale fu rivolta all'astrofisica, in particolare studiò l'atmosfera del Sole e delle altre stelle, il fenomeno delle eclissi solari e l'equilibrio della radiazione.

A venti anni si laureò in Fisica e Matematica all'università di Leningrado, e a ventotto anni era già conosciuto come importante astronomo, e relatore a diversi convegni.
L'intensa vita di Kozyrev attraversò una fase sfortunata e difficile nel 1936, quando fu arrestato a causa della leggi repressive di Josef Stalin; subito dopo, nel 1937, iniziò un tormentoso periodo di 11 anni durante i quali conobbe tutti gli orrori di un gulag. Senza equipaggiamento scientifico, durante questo periodo egli meditò profondamente sui misteri dell'Universo, prestando attenzione a tutte le strutture esistenti nella vita, in cui così tanti differenti organismi manifestano segni di asimmetria e/o sviluppo a spirale. Kozyrev sapeva che, a metà dell'Ottocento, Louis Pasteur aveva scoperto che il blocco di vita in formazione noto come "protoplasma" era intrinsecamente non simmetrico, e che le colonie di microbi crescevano in una struttura a spirale. Queste proporzioni in espansione soggiacevano anche alla struttura di piante, insetti, animali e uomini, così come era scritto nell'antica tradizione dei Misteri d'Atlantide a proposito della "geometria sacra"; la forma a spirale nota come Fibonacci, Sezione Aurea, o spirale "phi" delle più recenti teorie dei gruppi di simmetria riferiti a descrivere la teoria unitaria d'universo.

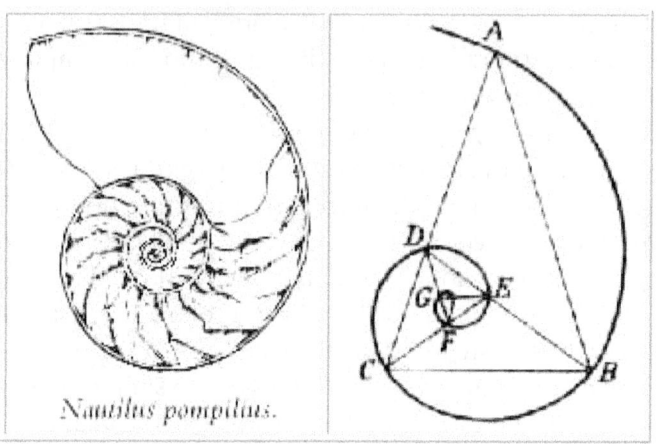

Figura 1.2 – La spirale "phi" nel guscio del nautilo (L) e con triangoli geometricamente inscritti (R)

Dalle sue osservazioni maturate nel campo di prigionia, Kozyrev ritenne che *tutte le forme di vita dovevano essere composte da una forma d'energia invisibile a spirale*, in aggiunta alle loro normali proprietà di ottenere energia per mezzo di cibo, liquidi, respirazione e fotosintesi.

Kozyrev teorizzò che cose come la crescita della spirale del guscio e quale lato del corpo umano conterrà il cuore sono determinati dalla direzione di questo flusso. Da qualche parte nello spazio-tempo dovrebbe esistere un'area in cui il flusso di energia produca spirali in direzione opposta, cosicché Kozyrev si aspettava che ivi i gusci crescessero in direzione opposta ed il cuore si trovasse dalla parte opposta della cavità corporea.

Questo concetto di energia a spirale potrebbe sembrare non realistico in biologia, ma alle scuole misteriche è noto da molto tempo. La prossima immagine mostra come la *ratio* del "phi" emerga naturalmente nella struttura del braccio umano, questo non è che uno degli esempi replicati in tutto il corpo umano, così come nelle piante, animali e insetti. La tradizione delle discipline divise in scienze fisiche e metafisiche è ricca di studi filosofici che integrano la matematica, la geometria e la filosofia tramite questo tipo di relazioni che emergono solo in quanto il "phi" rappresenta il modello naturale più efficiente in cui la crescita possa manifestarsi. Di recente anche la 'realtà virtuale' ha dimostrato come siano presenti le stesse forme base nella simulazione matematica della topologia tempo-spaziale al computer (rappresentazione vettoriale, frattali, etc.). Kozyrev suggerì che la vita non abbia avuto altri modi di svilupparsi perché la sua stessa 'natura' modifica in continuo la sua energia 'a spirale' per sostenersi, perciò ogni istante del processi deve seguirne le 'forme'. In questo senso si può ritenere che il sistema scheletrico funga da antenna per quell'energia e che i processi che governano le funzioni fisiologiche svolte dalle micro-cellule dei sistemi psico-neuro-encocrino-immunologia seguano analoghe forme nel corso del ripristino dell'omeostasi successivamente alle 'catastrofi' (cambiamenti di forma) che sono la peculiare caratteristica di tutti i sistemi termodinamici complessi in Natura.

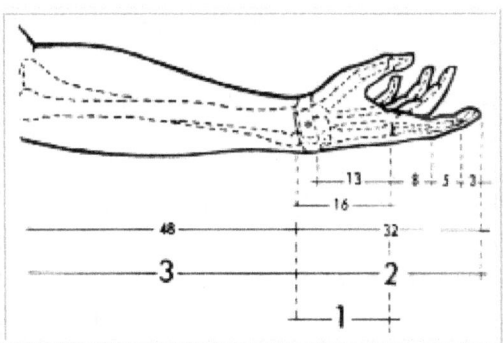

Figura 1.3. Le proporzioni "Phi" nell'avambraccio umano

Quando Kozyrev fu finalmente riabilitato e liberato dal campo di prigionia, nel 1948, fece ritorno alle sue ricerche e fornì previsioni

su Luna, Venere e Marte, che furono in seguito convalidate dai ricercatori spaziali sovietici più di dieci anni dopo. Con ciò si guadagnò la considerazione generale dei sovietici, che lo considerarono un pioniere della corsa allo spazio.
Il Premio Nobel statunitense prof. Harold Urey fu tra i pochi che credettero all'ipotesi di Kozyrev sull'attività vulcanica lunare, tanto da spingere la NASA a svolgere ricerche in merito. Il risultato fu che la NASA lanciò l'immenso progetto "Moon Blink" (*blitz lunare*) che in seguito confermò le asserzioni di Kozyrev, scoprendo significative emissioni di gas sul suolo lunare.
Nell'inverno del 1951-52, solo tre anni dopo essere scampato alla tremenda iniziazione del campo di prigionia, il prof. Kozyrev iniziò le sue incursioni nel mondo della fisica esoterica: fu quello il primo di trentatre anni intensi durante i quali si dedicò ad ogni sorta di esperimenti; con risvolti intriganti e controversi. Il suo naturale desiderio di perseguire tali ricerche era di convalidare le verità spirituali di cui aveva già fatto esperienza attraverso il processo mistico di preparazione, illuminazione e iniziazione (come riferito da Rudolf Steiner *Knowledge of Higher Worlds and Its Attainment*) sotto il pungolo più vivo delle circostanze di isolamento filosofico nel gulag.
Dopo aver iniziato a pubblicare i risultati di queste scoperte, molti scienziati russi e una piccola parte di quelli occidentali, basandosi sui suoi passati successi, furono disposti ad ascoltarlo.
Come detto, i modelli d'energia a spirale si svelarono all'illuminato prof. Kozyrev mentre viveva nel gulag. La sua "conoscenza diretta" lo informò che questa energia a spirale era, in effetti, la vera natura e manifestazione del *"tempo"*. Naturalmente, egli trovò che la nozione di "tempo" che possediamo doveva essere qualcosa di più di un semplice calcolo di durata. Kozyrev ci spinge a tentare di trovare una *causa* per il tempo, qualcosa di tangibile ed identificabile nell'Universo che noi possiamo associare al tempo. Possiamo concludere che il tempo non sia altro che *un movimento a spirale*.

Sappiamo che stiamo tracciando un complesso modello di spirale attraverso lo spazio grazie ai modelli orbitali della Terra e del Sistema Solare. E adesso, lo studio della "temporologia", o scienza del tempo, è sotto continua indagine nell'Università di Stato di Mosca e nella Fondazione Umanitaria Russa, ispirata al lavoro pionieristico del prof. Kozyrev. Sul loro sito essi affermano che: "la "natura" del tempo è il meccanismo che causa cambi apparenti e nuovi accadimenti nel mondo. Comprendere la natura del tempo significa concentrare l'attenzione su un processo, un fenomeno, una "carriera" nel mondo materiale le cui proprietà potrebbero essere identificate o corrispondere a quelle del tempo".
A prima vista tutto ciò potrebbe apparire strano: un albero che cade sul nostro terreno potrebbe essere stato causato da forte vento, piuttosto che dal "flusso del tempo". Piuttosto, bisognerebbe chiedersi che cos'è che ha causato il soffio del vento. In ultima analisi, il maggior responsabile di ciò è il movimento della Terra intorno al proprio asse. Perciò, *tutti i cambiamenti sono causati da qualche forma di movimento*, e senza movimento non può esistere il tempo. Diversi studiosi i cui lavori son pubblicati dall'*Istituto Russo di Temporologia* concordano sul fatto che se Kozyrev avesse cambiato la sua terminologia, usando la parola "tempo" anziché termini scientifici più comuni come "etere" e "vacuum fisico", allora molte persone sarebbero state in grado di comprendere il suo lavoro prima. Uno dei pochi lavori che i media occidentali diedero ai concetti di Kozyrev è rappresentato da un capitolo del libro pionieristico di Sheila Ostrander e Lynn Schroeder intitolato *Psychic Discoveries Behind the Iron Curtain* che ha avuto grande successo in tutto il mondo ed è tuttora in ristampa con il titolo abbreviato *Psychic Discoveries*.
Nella nuova concezione di Kozyrev, gli accadimenti psichici dovrebbero cominciare in un luogo. Il punto di vista ufficiale della scienza è invece che essi non dovrebbero esistere a lungo, come se si trattasse di qualcosa che va al di là del sistema, qualcosa che deve

essere negata per proteggere il sistema. Nella letteratura russa la connessione tra fenomeni psichici e fisica è ben nota e frequentemente discussa grazie a Kozyrev.
Uno dei pochi ricercatori occidentali a rilevare le opere del prof. Kozyrev fu Albert Wilson dei Douglas Research Laboratories in California, che affermò: "trovo che qualcosa di molto simile a ciò che ha teorizzato il prof. Kozyrev sarà istituzionalizzato nella teoria fisica entro dieci o venti anni. Le implicazioni di ciò saranno rivoluzionarie. Sarà necessario lavorare per una generazione per integrare i salti in avanti che egli ha prodotto e incorporarli nella conoscenza scientifica".
La previsione di Wilson si è rivelata ottimistica, in effetti solo adesso, all'alba del 21° Secolo siamo in grado di mettere insieme tutti i pezzi, per dare consistenza ai nostri termini, useremo comuni espressioni scientifiche; "campi di torsione" oppure "onde di torsione" per riferirci al flusso spirali-forme d'energia-tempo scoperta da Kozyrev La parola torsione essenzialmente significa "girare" o "scuotere". Molti scienziati occidentali che hanno esplorato questo argomento, come il T.Col. Tom Bearden, definiscono tali campi come "onde scalari", ma noi riteniamo che l'espressione "onde di torsione" è in ultima analisi di più facile approccio, anche perché ci rimanda al modello a spirale. Il lettore dovrebbe poi tenere presente che in tutti i casi, ciò di cui ci occupiamo è semplicemente un impulso (*momentum*) che viaggia attraverso l'*etere/ZPE/vacuum fisico* come medium fisico senza non possedere specifiche qualità elettromagnetiche.
Prima che Kozyrev avesse mai iniziato a condurre i suoi esperimenti, già esisteva una buona, solida fondazione teorica che aveva dato risultati. Occorre perciò una discussione preliminare sulla teoria della relatività di Einstein, integrata dalle aggiunte del prof. Eli Cartan, che per primo stabilì l'esistenza di *campi torsionali*.

Il modello geometrico (topologico) della gravità di Einstein

Il 29 maggio 1919 Albert Einstein apparentemente provò "che noi viviamo in uno spazio tempo curvato quadridimensionale" in cui spazio e tempo sono due entità unite insieme come fossero una "fabbrica". Egli riteneva che un oggetto come la Terra, ruotante nello spazio, "dovrebbe trascinare con sé spazio e tempo..."; riteneva anche che questa "fabbrica di spaziotempo" curvasse interiormente attorno a un corpo planetario. Così, egli affermava: "la gravità non è affatto una forza misteriosa che agisce a distanza, bensì [si tratta piuttosto del] risultato d'un oggetto che tenta di camminare in linea retta attraverso una spazio che risulta curvato dalla presenza di corpi materiali".

Spazio curvo? "Un attimo ... non si suppone che lo spazio sia vuoto ?" si potrebbe domandare. Com'è possibile curvare qualcosa che è vuoto ? Come possiamo vedere, il problema fondamentale nel visualizzare il modello di gravità di Einstein risiede tutto nel termine "curvo", poiché si tratta di qualcosa che una superficie piana ed elastica dovrebbe riuscire a fare. Invece, quasi tutti i tentativi di visualizzare i risultati raffigurano i pianeti come se fossero dei pesi che abbassano uno strato immaginario di piano di gomma esteso a tutto l'universo come "fabbrica" dello spazio-tempo. Un oggetto come una cometa o un asteroide, nel muoversi verso la terra, si limita cioè a seguire la geometria dello strato. Il problema di questo modello è che qualunque curvatura dello spazio-tempo avrebbe bisogno d'essere portata dentro un oggetto sferico da tutte le direzioni, non solo da un piano liscio. Inoltre per tirar giù un peso in uno strato piano di gomma, si richiede una forza di gravità. In uno spazio senza peso la sfera e il piano devono solamente vibrare insieme.

In realtà, il verbo "vibrare" è più preciso di "curvare", e la gravità è una forma d'energia eterica che vibra costantemente in ogni oggetto. Le equazioni gravitazionali non specificano in quale

direzione una simile energia debba vibrare, ma solo che la gravità esiste come forza responsabile del fatto che gli oggetti dotati di massa non possono volar via dalla terra.
Tali idee possono essere collegate a John Keely, il dott. Walter Russell e alla più recente e brillante teoria di Walter Wright sulla "push gravity" (gravità di spinta).
Dopo aver stabilito che tutti i campi come la forza gravitazionale e quella elettromagnetica sono semplicemente differenti forme di etere/ZPE in movimento, abbiamo una sorgente attiva per la gravità; ed una semplice e chiara ragione per la quale essa dovrebbe esistere. Osserviamo che ogni molecola d'un intero corpo planetario deve essere sostenuta da un continuo flusso interno di energia eterica. La stessa energia che intervenne nella creazione della Terra crea e vibra dentro di noi. Noi cioè restiamo impigliati nella corrente gigante del fiume d'energia che fluisce all'interno della Terra, così come le zanzare restano incastrate nella zanzariera mentre l'aria continua a fluire attraverso quella rete. I nostri corpi non possono spostarsi attraverso la materia solida, ma ciò è invece possibile alla corrente d'energia eterica – ciò è quanto dimostrato da Keely, Tesla, Kozyrev e altri scienziati. Una stella o un pianeta deve continuamente ricavare energia dal suo ambiente per riuscirsi a mantenere in vita. Kozyrev ha fatto le stesse osservazioni a proposito del Sole negli anni '50 concludendo che le stelle agiscono come "macchine col ruolo di convertire il flusso del tempo in calore e luce". Sono intuizioni esposte anche da Bendandi all'inizio del 1900 nella sua teoria di previsione dei fenomeni sismici.
Quasi tutti gli scienziati occidentali ritengono che le teorie della relatività di Einstein (generale e ristretta), eliminino la necessità di fare riferimento all'etere. Invece Einstein che nel 1910 (anno in cui la scienza ufficiale ritiene conclude le riflessioni di Einstein su quell'argomento) sostenne il rifiuto dell'etere, nel 1920 tuttavia affermò che "l'ipotesi dell'esistenza dell'etere non contraddice la teoria della relatività ristretta". Nel 1924, scrisse:... in fisica

teorica, non si va da nessuna parte senza l'etere, cioè senza un continuum con proprietà fisiche definite, in quanto la teoria generale della relatività (...) esclude azioni dirette a lungo raggio ed ogni teoria a breve raggio ipotizza la presenza di campi continui, conseguentemente, l'esistenza dell'"etere".
Fisica torsionale
Nel 1913, il fisico Eli Cartan dimostrò per primo che la "fabbrica" (flusso) di spazio e tempo nella teoria della relatività generale di Einstein non solo "curvava" ma *possedeva in sé stessa anche un moto di rotazione o spiraliforme conosciuto come "torsione"*. Questa parte della fisica viene riferita esplicitamente Teoria Einstein-Cartan o ECT. La teoria di Cartan all'inizio non venne presa troppo sul serio poiché proposta prima dell'epoca della fisica quantistica, durante un periodo in cui si credeva che particelle elementari come gli elettroni rotassero o girassero intorno al nucleo. Oggi è generalmente accettato che lo spazio che circonda la Terra e probabilmente la Galassia intera sia animata da una rotazione destrorsa, il che significa che *l'energia sarà influenzata a girare in senso orario come se viaggiasse attraverso un vacuum fisico*.
Nel 1990 gli studiosi russi Akimov e Shipov scrivevano: "per la precisione, i riferimenti contenuti nelle pubblicazioni di tutto il mondo ai campi torsionali superano 10.000 articoli, appartenenti ad un centinaio di autori di cui, almeno la metà lavora in Russia".
L'opera del prof. Kozyrev fu lo stimolo principale degli oltre 5.000 articoli russi sull'argomento. Nei modelli di fisica classica, i campi torsionali non erano considerati come una forza universale allo stesso livello dei campi gravitazionale o elettromagnetico, soprattutto perché avevano solo un'esistenza teorica. Cartan con la sua teoria originale del 1913 congetturò che i campi torsionali fossero valutabili a 30 livelli di grandezza più deboli della gravità, *che a sua volta è inferiore al campo elettromagnetico di 40 volte*. Con un'influenza tanto ridotta, così affermano le teorie, i campi torsionali "rotanti in natura" costituivano in sostanza un

insignificante granello di polvere non in grado di dare alcun contributo ai fenomeni osservabili nell'universo.
Per tutti gli scienziati in grado di mantenersi critici, le opere di Trautman, Kopczyynski, F. Hehl, T. Kibble, D. Sciama e altri nei primi anni '70 crearono grande interesse per i campi torsionali. Fatti scientifici concreti confutarono la teoria di Cartan, vecchia di 60 anni e più simile a un mito, che i campi torsionali fossero deboli, piccoli e inadatti a muoversi nello spazio.
Il mito della teoria Einstein-Cartan era che i campi di torsione a spirale non si sarebbero potuti muovere (cioè erano statici) e non avrebbero potuto esistere in spazi molto più piccoli dell'atomo. Sciama et al. hanno dimostrato che questi campi torsionali di base previsti nella ECT esistevano realmente e ad essi ci si riferiva come a *"campi torsionali statici"*. La differenza consisteva nella dimostrazione dei *"campi torsionali dinamici"* che possedevano proprietà più importanti di quelli statici, teorizzati dalla ECT. Secondo Sciama ed altri, i campi torsionali statici sono causati da *fonti ruotanti che non irradiano alcuna energia*. Perciò, se si ha una qualsiasi fonte ruotante in grado di *rilasciare energia* sotto qualunque forma (come il Sole o il centro della Galassia) e/o una fonte ruotante che possiede *più forme di movimento che agiscono contemporaneamente* (come un pianeta che sta ruotando intorno al proprio asse e nello stesso tempo intorno al Sole), allora si produce una *torsione dinamica*. Questo fenomeno permette alle onde di torsione di *propagarsi nello spazio* anziché permanere in un singolo punto "statico". *Così, i campi torsionali, come la gravità e l'elettromagnetismo, risultano capaci di muoversi da un punto all'altro dell'Universo*. Inoltre Kozyrev dimostrò, *decenni or sono*, che questi campi viaggiano a velocità "superluminali", ossia a velocità maggiore della luce. Disponendo di impulsi che si muovono direttamente dalla "fabbrica dello spaziotempo", viaggiando a velocità super-luminali e diverso da gravità ed elettromagnetismo, si

arricchisce significativamente la fisica suggerendo come il "vacuum fisico", la "zero-point-energy" o l'"etere" esistano realmente.

Lista dei fenomeni che creano gli effetti di Kozyrev

Gli esperimenti di Kozyrev iniziarono negli anni '50 e durarono fino agli anni '70 con l'assistenza continua del prof. V.V. Nasonov, il quale aiutò a standardizzare i metodi di laboratorio e l'analisi statistica dei risultati. È importante ricordare che questi esperimenti furono condotti nelle più rigide condizioni possibili, nonché ripetuti centinaia e spesso migliaia di volte e messi per iscritto con esattezza di dettagli matematici. Inoltre, tali esperimenti sono stati accuratamente revisionati, infatti Lavrentyev e altri hanno potuto replicare gli stessi risultati per via indipendente. Rivelatori speciali basati sulla rotazione e vibrazione sono stati messi a punto al fine di reagire in presenza di campi torsionali, ciò che Kozyrev definiva "il flusso del tempo".

Tornando alla precedente analogia, si può confermare che *la materia si comporta come una spugna immersa nell'acqua.*

Se facciamo qualcosa che disturba la struttura della spugna, come strizzarla, ruotarla o scuoterla, essa rilascerà parte dell'acqua raccolta nell'ambiente circostante. Negli anni, altri processi sono stati scoperti al fine di creare in laboratorio un "flusso di tempo" d'onde torsionali provocate dallo scompiglio che esse creano nei confronti della materia in questi modi:

1. deformando un oggetto fisico;
2. trovando un ostacolo da parte d'un getto d'aria;
3. riempiendo di sabbia una clessidra;
4. assorbendo luce;
5. per attrito;
6. per combustione;
7. per l'azione d'un osservatore (movimento della testa);
8. riscaldando o raffreddando un oggetto;

9. per transizioni di fase nelle sostanze (da ghiacciato a liquido, da liquido a vapore ecc.);
10. per scioglimento e mescolamento di sostanze;
11. per la morte delle piante per appassimento;
12. per radiazioni non-luminose da oggetti astronomici;
13. per improvvisi cambiamenti di coscienza nell'individuo.

A parte la problematica ultima voce riguardante la coscienza umana, possiamo vedere facilmente come i processi "perturbino" in qualche modo la materia provocando così rilascio o assorbimento d'una certa quantità della sua "acqua eterica", il ché si adatta perfettamente all'analogia della spugna. Ancor più importante è il fatto che una forte energia emozionale potrebbe causare una reazione misurabile a distanza, cosa che è stata ripetutamente provata non solo da Kozyrev ma anche da molti altri; tutto ciò porta sotto i riflettori i nostri concetti di fenomeni fisici e di stati di coscienza. Tali concetti hanno fatto ancor più notizia dopo l'attacco terroristico dell'11 settembre 2001, nel momento in cui Dean Radin e il suo team dell'Institute of Noetic Sciences sono stati in grado di misurare un tremendo mutamento nel comportamento di'un certo numero di generatori computerizzati nei periodi immediatamente precedente e successivo rispetto all'attacco:

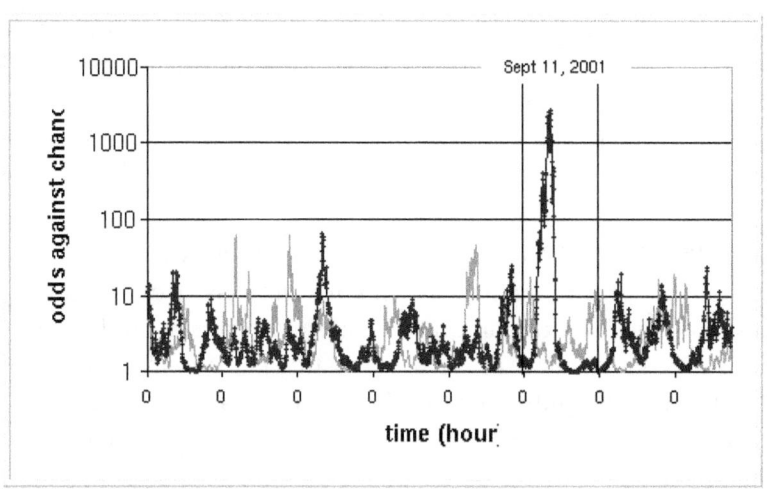

Figura 1.4. Dati forniti da Radin / INS a misura di mutamenti nella coscienza di massa l'11/09/2001
Il grafico mostra che un cambio nella coscienza di massa ha influenzato in qualche modo il comportamento dell'energia elettromagnetica nei computer di tutto il mondo, specialmente nei circuiti dislocati nel Nord America. Più tardi vedremo che questo è solo l'inizio di un intero nuovo mondo d'una "scienza della consapevolezza". Suggerendo che onde torsionali e consapevolezza sono essenzialmente identiche manifestazioni di un'*energia intelligente*.

Ritornando alla più confortevole arena della materia fisica, il lavoro di Kozyrev ha dimostrato che i campi torsionali possono essere assorbiti, schermati e qualche volta riflessi. Per esempio, lo zucchero può assorbirne, una pellicola di polietilene può schermarne e altre forme di alluminio o specchi possono rifletterne l'onda energetica. Kozyrev scoprì che in presenza di simili flussi di energia, oggetti rigidi e non-elastici potevano manifestare cambi di peso, mentre oggetti flessibili ed elastici potevano mostrare cambi nella loro elasticità/viscosità. Kozyrev mostrò anche che il peso di una trottola cambiava in caso di vibrazioni, riscaldamento, raffreddamento o di corrente elettrica fatta passare attraverso di essa. Tutti questi comportamenti si adattano perfettamente all'analogia di materia come spugna che rilascia o assorbe piccoli quantitativi d'"acqua energetica'.

Un rilevatore meccanico per il "flusso di tempo"

Al momento, la questione meno chiara risulta essere quale sia il modo di ottenere meccanicamente una simile energia. Fra l'altro, tutto ciò è stato trascurato alla scienza ufficiale per circa un secolo. Dunque, è importante ricordare che, sebbene la forza delle onde di torsione sulla materia sia relativamente piccola, essa tuttavia *esercita una spinta regolare.*

Le ricerche di Shipov, Terletzkij e altri teorici russi hanno associato direttamente l'energia dei campi torsionali con quella gravitazionale, arrivando così alla definizione del termine "energia gravispin", e della scienza della "gravispinotica".

In queste nuove teorie, gravità e rotazione [spin] sono accoppiate nella stessa basilare maniera in cui lo sono elettrostatica e magnetismo nel momento in cui insieme formano le onde elettromagnetiche. Sebbene le onde torsionali possano viaggiare in ogni direzione, esse vengono più tipicamente assorbite nel flusso discendente del campo gravitazionale. Così, gli effetti più rilevanti della pressione di torsione potrebbero essere identificati in un *lieve movimento spiraliforme congiunto all'energia gravitazionale.* Trattandosi di una pressione molto lieve, solitamente non riusciamo a notare alcun movimento in noi stessi o in oggetti che stanno cadendo verso il basso.

Molti rilevatori meccanici d'onde di torsione approntati dal prof. Kozyrev coinvolgevano *oggetti in movimento*, come un giroscopio rotante o un pendolo oscillante asimmetrico. Attraverso una semplice analogia possiamo essere aiutati a capire in che modi tali oggetti in movimento possano catturare una pressione così delicata.

Se una barca non allinea le sue vele alla direzione del vento, allora non si potrà muovere. Allineando le vele col vento, lo farà, e se il vento cambia, bisognerà essere pronti a cambiare posizione delle vele. Rilevare le onde torsionali è un processo più difficile rispetto alla navigazione, poiché le onde torsionali cambiano continuamente la loro direzione *in forma di spirale tridimensionale*. In qualche modo, è necessario creare vibrazioni nell'oggetto della rilevazione, per permettergli d'imbrigliare di continuo una spirale in movimento tridimensionale di forza energetica.

Kozyrev riuscì a catturare la sottile pressione delle onde torsionali combinando nello stesso tempo due differenti forme di vibrazione o movimento.

In speciali condizioni di laboratorio, giroscopi o pendoli possono essere usati per interagire con l'energia "time flow" [flusso temporale], come Kozyrev la definì. In questi casi, tali rilevatori segnaleranno variazioni di peso o improvvisi movimenti angolari in risposta all'energia.

Tra i più importanti rilevatori d'energia "time-flow" usati da Kozyrev è la "bilancia di torsione" ossia un giogo di bilancia in grado di ruotare liberamente se sospeso ad un filo. Come descritto da Kozyrev nella prima pubblicazione dell'anno 1971, la bilancia di torsione non possiede eguale bilanciamento in entrambi i lati, infatti un'estremità del giogo pesa 10 grammi e l'altra solo uno. Kozyrev sospese questo giogo ad un filo di capron di 50 micrometri di diametro e 5-10 cm di lunghezza. La corda era attaccata molto più strettamente all'estremità più pesante del filo che a quella più leggera, in maniera tale da consentire al giogo di rimanere in una perfetta posizione orizzontale nonostante la gravità. Questo posizionamento creava anche una maggiore tensione al giogo, permettendogli di muoversi liberamente. L'estremità più leggera del giogo era collegata ad un indice, cosicché Kozyrev poteva misurare su un goniometro di quanti gradi il giogo si sarebbe mosso volta per volta.

Per evitare di essere influenzato dall'atmosfera, l'intero sistema era avvolto in una calotta di vetro cui tutta l'aria era stata eliminata per creare un vacuum. Kozyrev circondò anche la calotta con una rete di metallo (simile a gabbia di Faraday) allo scopo di eliminare tutte le interferenze elettro-magnetiche. *La sommità del filamento, cui la bilancia era appesa, era fatta vibrare meccanicamente da una fonte elettromagnetica.*
L'esperimento non era ritenuto valido qualora il giogo non fosse rimasto perfettamente immobile anche in presenza di extra-vibrazioni alla sommità del filo. Comunque, queste extra-vibrazioni che scuotevano a tratti la sommità del filo *causavano una aumentata sensibilità alle vibrazioni esterne che si sarebbe riverberata nell'intero oggetto.* Siamo allora in presenza di un disuguale *set* di pesi accuratamente sospesi ad un sottile filo in modo da rimanere orizzontali che crea un sistema in grado di grande tensione, pronto a muoversi al minimo tocco. È qualcosa di simile alla potenza sprigionata da una leva che permette a un uomo di sollevare la propria automobile col semplice movimento del cric. Se perciò a questo s'aggiunge *anche* la tensione delle vibrazioni che s'irradiano su e giù per il filo e nella bilancia stessa, si ottengono tutti gli ingredienti necessari per rendere il rilevatore estremamente sensibile alla pressione dal tocco leggero delle onde di torsione, tanto da poterne poi misurare l'effetto. Questo è uno dei modi più ingegnosi per catturare e rilevare queste forze. Si poteva anche mettere in moto un giroscopio e poi appenderlo a una corda che vibrava. Sotto alcuni aspetti questa extra-sensibilità si comporta nello stesso modo di un tavolo da hockey ad aria, in cui una superficie piatta e rettangolare viene bucherellata con diversi fori che fanno passare l'aria verso l'alto. La partita viene giocata con un disco leggero e piatto colpito in avanti e indietro da due giocatori. Se l'aria scorre attraverso il tavolo (come l'asimmetria della bilancia e le extra-vibrazioni sul filo negli esperimenti di Kozyrev), in tal caso la gravità del disco viene neutralizzata da una forza superiore, che crea

un equilibrio più delicato fra le due (forze). Il disco può rimanere perfettamente immobile una volta lasciato solo, ma, se si introduce nel sistema nuova energia colpendo il disco quando l'aria è in movimento, allora il disco si sposterà molto velocemente e con il minimo sforzo. Se invece l'aria non circola, il disco si muove molto più lentamente e richiede molta più forza per essere messo in azione. Accade nello stesso modo coi rilevatori di Kozyrev. Se non si include l'energia extra-vibrazionale, ci vorrà molta fortuna per poter osservare una reazione, in quanto la "spinta" delle onde di torsione non è sufficiente a muovere un oggetto stazionario. Molti scienziati che hanno tentato di ripetere gli esperimenti di Kozyrev spesso non vi sono riusciti, e ciò perché essi non consideravano importanti le extra-vibrazioni. Certamente non è possibile rilevare le onde di torsione con un pendolo se questo non è asimmetrico e/o se non si introducono vibrazioni alla sommità del filo. Un altro modo per visualizzare questo effetto può essere considerata la nostra analogia esposta nel prologo, nella quale la differenza fra una goccia d'acqua allocata in un metallo freddo viene opposta a quella goccia allocata in una padella calda. Le vibrazioni del metallo della padella faranno schizzare l'acqua attorno al tegame, divenendo parecchio sensibili ai più lievi cambi di pressione da ogni direzione.

Per i lettori più inclini alla spiritualità, è interessante notare che le dottrine degli Iniziati hanno sempre fatto riferimento al bisogno di "aumentare le proprie vibrazioni" per migliaia di anni se si vuole divenire capaci di percepire l'invisibile energia dell'universo.

In alcuni laboratori, in un arco di tempo relativamente breve un umano può essere portato a rispondere alla lieve pressione delle onde di torsione nella propria "aura" attraverso il tocco. Il campo energetico umano può essere alla fine visualizzato con più profondi addestramenti, come quelli descritti nelle opere di Rudolph Steiner o Carlos Castaneda.

L'esistenza di questo campo energetico umano, che si comporta nei nostri corpi come componente delle onde di torsione è stata sperimentata.

Semplici movimenti creano onde di torsione

Alcuni esperimenti di Kozyrev sembravano, ingannevolmente, semplici, considerando gli effetti che egli fu in grado di ottenere. Per esempio, *il semplice innalzamento e abbassamento di un peso di 10 kg esercitava una pressione torsionale su un pendolo alla distanza di 2-3 metri*, un effetto che in grado di viaggiare attraverso i muri. Il pendolo adoperato come rilevatore era stato schermato in un vetro sotto vuoto, così da non far ottenere questo effetto dalla presenza di aria. Ancora una volta, la chiave dell'esperimento era l'extra-vibrazione provocata alla sommità del filo, che con l'introduzione della tensione extra e del movimento, metteva le onde di torsione in grado di essere ricevute dal pendolo. Quest'altro esperimento mostra che una semplice massa di 10 kg di peso si comporta come una spugna immersa nell'acqua, creando piccole "increspature d'onda" nell'"acqua" circostante qualora venga mossa su e giù. Siamo ancora di fronte ad una proprietà basilare della materia.

Il peso aumenta e diminuisce a causa di semplici moti

In un altro esperimento simile, Kozyrev aveva una tipica bilancia a due gioghi usata per pesare, con un peso fisso sul lato destro, ed un uncino sul sinistro adoperabile per appendere oggetti. Nel caso di questo esperimento, venivano appesi all'uncino dei semplici pesi, solo che essi venivano attaccati a strisce di gomma che permettevano loro di essere facilmente montati sulla bilancia. Normalmente, con i pesi su entrambi i lati in una posizione stabile, il giogo rimaneva in equilibrio ad un dato peso, misurabile sulla scala graduata. Kozyrev stabilizzava i bracci della bilancia con le mani o con una morsa per impedire loro di muoversi, e rimuoveva l'oggetto alla sinistra del suo uncino. Quindi, scuoteva l'oggetto su e giù sul pezzo di gomma per circa un minuto. E questo era tutto !

Una volta fatto ciò, nel momento in cui lo scienziato andava a pesare di nuovo, sistemandolo sulla bilancia in perfetta quiete, succedeva che il peso dell'oggetto fosse *leggermente più alto di prima*. Perciò, *la bilancia dimostrerebbe la graduale diminuzione del peso dell'oggetto*, una volta che esso abbia rilasciato l'extra-energia precedentemente inclusa. Kozyrev notò l'importanza di non riscaldare con il calore della mano il braccio della bilancia, così optò per una morsa di metallo con la quale sostenerlo.

E' interessante notare che questo test in alcuni giorni riusciva con una certa facilità, mentre in altri riusciva solo con grande difficoltà o per nulla affatto. Lo stesso dicasi per l'esperimento precedente, quello effettuato con un peso di 10 kg sollevato e abbassato ripetutamente. Questo fenomeno è noto come "variabile temporale" e sarà discusso più avanti.

I risultati di Kozyrev sono stati replicati, mai confutati

Molti lettori si aspetterebbero che i risultati ottenuti da Kozyrev siano solo dovuti ad errori di registrazione. Invece è importante notare che non esistono concrete confutazioni dei risultati sperimentali di V.A. Kozyrev e V.V. Nasonov (Levich, 1996).

In aggiunta, gruppi indipendenti di ricercatori hanno adesso riprodotto e confermato alcuni degli esperimenti di Kozyrev. Fra questi, A.I. Veinik dagli anni '60 agli '80, Lavrentyev, Yeganova et al. nel 1990, Lavrentyev, Gusev et al. nel 1990, e Lavrentyev et al. in 1991 and 1992. Il ricercatore americano Don Savage ha anche replicato molti esperimenti di Kozyrev pubblicandoli poi in *Speculations in Science and Tech.*

Per di più, senza alcuna conoscenza dell'opera di Kozyrev, nel 1989 G. Hayasaka e S. Tekeyuchi hanno scoperto similari effetti di perdita di peso facendo ruotare giroscopi di 150 grammi, e più di recente hanno ottenuto dei successi lasciando cadere i giroscopi fra due rilevatori laser ad alta precisione. (*Bisogna ricordare che un giroscopio pesato sia in stato di rotazione che di non-rotazione non mostrerà alcun rilevabile cambio di peso a meno che non venga introdotto un processo addizionale come la vibrazione, il movimento – in questo caso la caduta – la conduzione di calore o una transizione di corrente elettrica*). I risultati degli studi di Hayasaka et al., condotti per conto della Mitsubishi corporation, addirittura pubblicati sui principali media scientifici, hanno causato molta sorpresa. Per di più, essi attribuiscono i risultati proprio ai campi di torsione. Molti altri ricercatori, come il prof. S.M. Polyakov, il prof. Bruce DePalma e Sandy Kidd, indipendentemente gli uni dagli altri, hanno scoperto mediante giroscopi cambi gravitazionali, ma è chiaro che molti di loro non hanno pienamente compreso la natura fluida dell'etere, che è sempre presente nei movimenti spiraliformi delle onde di torsione.

Effetti anti-gravità causati dalla direzione della rotazione

Molti degli esperimenti di Kozyrev mostravano che la *direzione del movimento del rilevatore* era molto importante ai fini della misurazione dei cambi di peso. Kozyrev determinò che un giroscopio che veniva fatto vibrare, o riscaldare, o condurre elettricità avrebbe *sostanzialmente perso peso se fatto ruotare in senso anti-orario, mentre l'avrebbe mantenuto se fatto ruotare in senso orario*. Lo scienziato concluse che ciò dipendeva dal cosiddetto effetto-Coriolis, mediante il quale un oggetto lanciato sulla superficie della Terra assume contemporaneamente un movimento di rotazione. In definitiva, ciò dipende dalla sottile pressione di torsione spiraliforme che viene comunicata al flusso dell'etere (gravità) quando precipita sulla terra, sostenendo l'esistenza di tutti i suoi atomi e molecole. Nel 1860 Newton e Hook confermarono che l'effetto Coriolis era qualcosa di reale facendo precipitare giù oggetti lungo pozzi di miniera, e l'esperimento venne ripetuto in seguito molte volte. L'effetto Coriolis provoca un movimento antiorario nell'emisfero settentrionale e uno orario nell'emisfero meridionale, ed è considerata la forza maggiore che sta dietro i movimenti delle stagioni. L'effetto deve essere calcolato quando si voglia sparare con

cannoni a lunga gittata, e infatti prima che fosse scoperto l'effetto Coriolis, questo problema creava grossa confusione a livello militare. Si tratta di un altro caso scientifico non molto noto, di cui la maggior parte delle persone non è a conoscenza.
Teniamo presente che Kozyrev faceva vibrare, riscaldare o elettrificare il giroscopio per rilevarne gli effetti anomali.
In queste condizioni, egli doveva muovere il giroscopio sia in senso orario che antiorario. Muovendosi in senso antiorario nell'emisfero settentrionale, *si muoveva all'unisono con la corrente antioraria causata dall'effetto Coriolis*. Ciò fa sì che l'oggetto assorba parte dell'energia che avrebbe normalmente essendo spinto giù, e un piccolo ma definito decremento nel suo peso viene in tal caso misurato.
L'opera su menzionata di G. Hayasaka e S. Tekeyuchi, ha confermato indipendentemente lo stesso risultato.
Ruotando il loro giroscopio in senso antiorario esso cadeva più lentamente del previsto, mentre rotandolo in senso orario non si verificavano cambiamenti, cosa che provava le scoperte di Kozyrev. Naturalmente, anche il Giappone si trova nell'emisfero settentrionale. Kozyrev scoprì ancora che poteva essere introdotta in questi esperimenti una torsione addizionale, qualora il giroscopio non fosse posizionato al 100% orizzontalmente, e ciò gli fece supporre che la gravità, la quale fa muovere in linea retta verso il basso, è qualcosa di collegato con le onde di torsione, come successivi teorici hanno confermato. Senza l'esistenza dell'etere e del fenomeno della torsione dinamica, nessuno di questi risultati sarebbe mai stato possibile.

L'esperimento delo "spinning ball" di De Palma

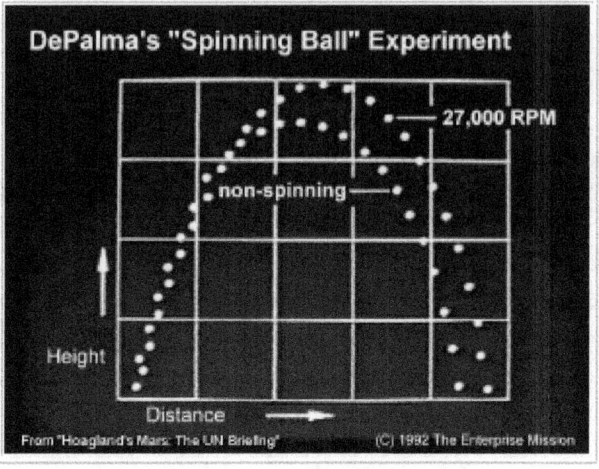

Figura 1.5. Dati dell'esperimento del dott. Bruce De Palma collo spinning ball dall'incontro ONU di Hoagland del 1992

Un perfetto esempio di sfruttamento delle onde torsionali per mezzo della rotazione venne scoperto in maniera del tutto indipendente dal dott. Bruce De Palma, di frequente citato da R.C. Hoagland et al. sul sito web *Enterprise Mission*. All'interno di un completo vacuum, De Palma prese due biglie d'acciaio e le catapultò in aria ad angoli uguali, con la stessa forza. La sola differenza era che una biglia ruotava 27.000 volte al minuto mentre l'altra era stazionaria. *La biglia ruotante saliva più in alto e scendeva più velocemente della sua controparte,* cosa che violava tutte le leggi della fisica. L'unica spiegazione per questo effetto è che entrambe le biglie attingono energia da una fonte sconosciuta, e la biglia rotante "assorbe" più energia della controparte – energia che potrebbe esistere normalmente come la gravità, che si muove giù verso la terra. Con l'aggiunta della ricerca sui campi di torsione, possiamo rilevare che lo spinning-ball è in grado di sfruttare naturalmente le onde torsionali spiraliformi presenti nell'ambiente, le quali forniscono un surplus di energia addizionale.

Effetti di variabile temporale

Kozyrev scoprì nei suoi esperimenti la produzione di un *effetto di variabile temporale*. In tardo autunno e nel primo inverno gli esperimenti funzionavano meglio mentre erano di *riuscita praticamente impossibile in estate*. Kozyrev riteneva che il riscaldamento atmosferico estivo creava un disturbo che in qualche misura interrompeva il flusso delle onde di torsione. Il caldo extra provocava lo scuotimento più vigoroso delle molecole d'aria, e ciò a sua volta avrebbe disturbato le sottili pressioni spiraliformi attinenti alle onde di torsione. Come egli stesso affermava, "*il riscaldamento attraverso i raggi solari crea un caricatore atmosferico che interferisce con gli effetti sperimentali*". All'inizio della sua carriera Kozyrev riteneva che quell'effetto di variabile temporale fosse causato dalla naturale crescita della vegetazione nei mesi più caldi, poiché egli aveva già notato che la semplice presenza di piante che crescevano poteva interferire con i suoi risultati sperimentali, e ciò perché le stesse piante avevano la capacità di assorbire in sé stesse l'energia che invece avrebbe dovuto fluire entro i rilevatori. Chiaramente, sia vegetali che assorbono energia per loro sostentamento in estate sia il caos crescente nelle vibrazioni dell'atmosfera più calda costituivano una combinazione che avrebbe potuto bene essere responsabile per la difficoltà di effettuare simili misurazioni durante le stagioni più calde.

Tali effetti sperimentali stagionali prevenivano gli scienziati americani operanti in un'area come la California meridionale dall'essere in grado di replicare questi risultati, poiché non potevano mai sperimentare le condizioni esistenti in tardo autunno e primo inverno, ideali per realizzare gli esperimenti.

Posizione, posizione, posizione

Un'altra implicazione complessiva dell'opera di Kozyrev è che la posizione geografica in cui si localizza l'esperimento costituisce una rilevante differenza. I risultati migliori furono ottenuti effettuando le misurazioni vicino al Polo Nord, i più avventurosi dei quali furono effettuati su blocchi di ghiaccio alla deriva con una latitudine massima di 84°15', con il Polo Nord a 90°.

Questo è un punto molto importante, perché ci mostra che la più grande quantità di energia di onde torsionali fluisce sulla Terra nelle regioni polari, e diminuisce gradualmente se ci si sposta verso l'Equatore.

Certamente, la maggior parte dei lettori si potrebbe meravigliare del fatto che si associ un qualche effetto ai poli terrestri.

La risposta va ricercata in uno studio sul magnetismo. Nel 1991-92, A.I. Veinik determinò che i tipici magneti di ferro "permanenti" non solo possiedono un campo magnetico collettivo, ma anche un *campo di torsione collettivo,* con una rotazione oraria al Polo Nord, ed una antioraria al Polo Sud. Il Dott. G.I. Shipov ha dimostrato che *tutti* i campi elettromagnetici generano onde di torsione. Così, dal momento che sappiamo che il campo magnetico della Terra è maggiormente concentrato ai poli, possiamo dedurre che allo stesso modo la più grande quantità di onde di torsione dovrebbe trovarsi proprio nelle regioni polari. Nei suoi libri e nel sito web, Richard Pasichnyk ha dimostrato che gli impulsi dei terremoti viaggiano più velocemente da Nord a Sud che da Est a Ovest. Così, la pressione aggiunta delle onde di torsione, incanalandosi e affluendo nelle regioni polari, incide molto più della semplice polarità nord-sud del campo magnetico che può essere misurato con un compasso.

Kozyrev determinò anche che l'energia torsionale fluisce differentemente nell'emisfero meridionale terrestre in quanto opposto al settentrionale, e di nuovo questo è dovuto all'effetto Coriolis. Egli scoprì anche che la *velocità dell'accelerazione gravitazionale* cambia lievemente tra l'emisfero nord e quello sud di un sottile fattore di 3.10^{-5}. Ciò sembra essere causato dal fatto poco noto che la forma sferica della Terra è addirittura più schiacciata nell'emisfero settentrionale rispetto al meridionale! Questo fatto è stato fra l'altro osservato e misurato anche in altri pianeti come Giove e Saturno. Kozyrev riteneva che dal, dal momento che la superficie dell'emisfero sud era *lievemente più distante* dall'Equatore rispetto alla corrispondente area nell'emisfero nord, ciò spiegava i sottili cambiamenti nella velocità di accelerazione gravitazionale.

Dopo avere interrotto l'energia esistono forze latenti

Il termine "latente" vuol dire "lasciato in sospeso", e Kozyrev osservò certi effetti che si manifestavano per un certo periodo di tempo dopo aver interrotto la formazione di onde torsionali e/o disturbi agli oggetti misurati. Si ricordi che Kozyrev dimostrò come il semplice scuotimento di un corpo su di una striscia di gomma ne avrebbe incrementato il peso, e che esso sarebbe lentamente tornato alla normale massa a riposo dopo averlo sistemato sulla bilancia a gioghi. Il tempo che il corpo impiega a ritornare al suo peso normale equivale a misurare la "forza latente" che esso è in grado di sostenere.

In questi esperimenti certi oggetti aumentano e diminuiscono di peso più velocemente di altri. Kozyrev concluse che la percentuale alla quale un oggetto aumenta o diminuisce di peso si basa sulla sua *densità*, o spessore, e non sul suo peso complessivo.

Egli mostrò che la perdita di peso si verifica ad indice esponenziale, e che *più è elevata la densità del materiale, più velocemente le forze residue scompaiono*. Ecco alcuni esempi:

14. Il piombo, densità 11, perderà le forze latenti in 14 secondi;
15. L'alluminio, densità 2.7, in 28 secondi;
16. Il legno, densità 0.5, in 70 secondi.

Per capire, possiamo pensare al fatto che una spugna più densa e spessa come la gommapiuma usata nei materassi o nei cuscini da poltrona possieda molta più "elasticità" rispetto ad una più leggera e sottile, come una vecchia e stanca spugna da cucina. Più un materiale è elastico, più velocemente può assorbire e rilasciare energia. Kozyrev testò anche questi effetti su rame, ottone, quarzo, vetro, aria, acqua, carbone, grafite, sale da tavola e altri, e indicò che "gli effetti più ampi, con tempi di preservazione massimi, venivano osservati su *materiali porosi* come mattoni o tufo vulcanico. Questo dovrebbe essere fonte d'interesse, dal momento che nella nostra analogia la spugna è anch'essa costituita di materiale poroso, ossia formata da una quantità di pori o buchi.

L'effetto Aspden

Un altro esempio di forze latenti presenti in un sistema si trova nel cosiddetto effetto Aspden, scoperto dal dott. Harold Aspden della Cambridge University. Questo esperimento si basa su un giroscopio il cui ingranaggio centrale viene attratto da un potente magnete. Il normale quantitativo di energia richiesta per rotare il giroscopio ad una velocità massima data è di 1.000 joule. Come un bicchiere d'acqua che viene agitato con una spugna, *la rotazione del giroscopio fa sì che l'energia eterica contenuta nell'ingranaggio centrale inizi a muoversi a spirale, e questo movimento agitatorio continui nell'oggetto anche dopo aver arrestato il giroscopio.*

Sorprendentemente, *fino a 60 secondi dopo che il giroscopio finisce di ruotare, basta un'energia dieci volte inferiore affinché esso ritorni alla stessa velocità ottenuta la prima volta*, ossia solo 100 joule. Questo è un altro effetto riproducibile che è stato semplicemente ignorato dalla corrente principale scientifica, in quanto "viola le leggi della fisica". Ad ogni modo, con l'opera di Kozyrev come background, possiamo immaginare le risatine degli scienziati russi dopo aver letto dei problemi di Aspden nel far riconoscere agli scienziati occidentali questo effetto.

Ora, se si è notato, il piombo (Pb) manteneva le sue forze latenti per 14 secondi mentre l'alluminio per 28, e, ancora, i giroscopi di Aspden mantenevano le loro forze per 60 secondi. Questo è dovuto al fatto che l'energia extra torsionale / eterica viene attratta dal potente magnete permanente che compone il centro del giroscopio; in *Convergence III* abbiamo dimostrato in che modo questa proprietà basilare dei magneti rotanti è stata usata per creare molte fonti differenti di "energia libera".

Lista di rilevatori non meccanici

Anche se fin qui abbiamo trattato di giroscopi, pendoli e bilance a gioghi, Kozyrev scoprì ancora *rilevatori non meccanici* in grado di catturare l'energia del "flusso temporale". Ciò che intendiamo con il termine "non-meccanico" è che le onde di torsione possono essere rilevate senza le parti mobili normalmente richieste, che coinvolgono due differenti forme di vibrazione o moto meccanico, come nel giroscopio, bilancia di torsione e pendolo. Alcuni di questi rilevatori non meccanici possono dimostrare chiaramente cambiamenti sostanziali in presenza di campi di torsione, e nel caso di tungsteno e quarzo, gli effetti dei campi torsionali sul materiale possono diventare irreversibili.

Tutti i seguenti materiali manifestano mutamenti in presenza di energia di onde torsionali:

- la conduttività di resistenze elettriche, specialmente quelle costituite da materiale al tungsteno;
- il livello di mercurio nei termometri;
- le frequenze vibrazionali di oscillatori di cristallo al quarzo;
- i potenziali elettrici delle termocoppie;
- la viscosità dell'acqua;
- la quantità di lavoro elettronico che può essere eseguito in una cellula fotoelettrica;
- le percentuali di reazione dei componenti chimici (come l'effetto Belousov-Zhabotinskij);

- i parametri di crescita di batteri e piante.

Una lista altamente dettagliata del lavoro di Kozyrev, compresi i grafici esatti, le statistiche precise, le analisi e descrizioni di tutti i rilevatori precedentemente menzionati può essere rintracciata in "*A Substantial Interpretation of N.A. Kozyrev's Conception of Time,*"

Riproduzione di onde di Chernetskij

Alcune di queste onde di torsione non-meccaniche sono state riprodotte dal team di A.V. Chernetskij, Y.A. Galkin e S.N. Kolokoltzev, che hanno inoltre creato una sorgente che genera e immagazzina quest'energia eterica in maniera del tutto simile a un *condensatore*, il componente elettronico capace d'immagazzinare una carica elettrica. Questi scienziati considerano la loro invenzione come "una sorgente di scarico autorigenerante". Come Kozyrev, Chernetskij et al. hanno scoperto che il livello di resistenza di un circuito elettronico può mutare se parte di esso viene collocata tra due piastre di condensatore della sorgente mentre si trova in azione. Ancora, la frequenza vibrazionale d'un oscillatore al quarzo può diventare *1000 o più volte più veloce* qualora venga in precedenza collocata fra le due piastre. Tutto ciò dovrebbe risultare anomalo in quanto che la precisione dei cristalli al quarzo nel mantenere un esatto ritmo pulsante mentre l'elettricità li attraversa è adoperata per segnare l'ora esatta nella gran parte di orologi digitali esistenti.

Forze latenti nel vacuum e nella materia

Chernetskij et al. scoprirono anche che la loro "sorgente di scarico autogenerante" poteva creare un campo di torsione statico o non-movente *nella struttura profonda dello spazio-tempo stesso*. Una corrente scorrevole può essere creata in un etere fluido anche se nell'area non risieda materia. Chernetskij et al. erano anche in grado di *misurare gli stessi effetti dei campi torsionali* nell'area che si era trovata in mezzo alle due piastre dello strumento, *dopo che esso era*

stato disattivato e rimosso da quell'area! Gli effetti latenti sono misurabili anche in metalli al tungsteno o oscillatori al quarzo. Un altro effetto simile venne scoperto da Donald Roth con la cosiddetta "memoria magnetica", e documentato dall'Institute for New Energy. Roth scoprì che si poteva portare un magnete sufficientemente vicino ad una bilancia da attrarla a sé, e dopo cinque giorni il magnete poteva essere posizionato molto più distante dalla bilancia ed ottenere gli stessi effetti di prima. Gli scienziati russi si riferiscono a questo effetto definendolo "vacuum strutturale", ciò che ci dimostra una volta ancora che esiste qualcosa, lì nello spazio "vuoto", qualcosa che gli eredi dei Misteri Atlantidei conoscono come "etere".
Kozyrev scoprì ancora che *una sostanza fisica* poteva diventare "strutturata" allo stesso modo. Egli scrive: Un corpo collocato per un certo tempo vicino ad un processo [che genera onde di torsione] e poi portato su una bilancia di torsione [può] produrre lo stesso effetto [sulla bilancia di torsione] come il processo [generato dalla torsione originale prodotto] da sé stesso. [La] memorizzazione [della] azione dei processi è una caratteristica di [tutte] le diverse sostanze, eccetto l'alluminio.
Nel 1984, Dankachov mostrò che la "memorizzazione" o l'effetto "strutturale" poteva avvenire anche con l'acqua, e questo è un esperimento che di tanto in tanto trova modo di espressione anche presso il pensiero scientifico occidentale alternativo.
Gli esperimenti sulla "memoria dell'acqua" cominciano ad utilizzare uno dei basilari processi di creazione di onde di torsione allo scopo di far decrescere la viscosità o densità dell'acqua. Quindi, l'acqua trattata viene collocata vicino a un altro contenitore d'acqua e *la nuova viscosità dell'acqua decrescerà esattamente fino a quella dell'acqua originale trattata.*
Altri esperimenti, come quelli di Jacques Beneviste, dimostrano come gli effetti di questa memoria dell'acqua siano in grado di perdurare anche sotto effetti chimici, con generatori di onde

torsionali adoperati per stimolare l'acqua per mezzo di un determinato composto chimico. Infine, quel composto può essere trasferito energeticamente in un contenitore sigillato di acqua pura, cosicché l'acqua sigillata assumerà le stesse caratteristiche del modello originale.

L'effetto-schermatura dell'energia di un'eclisse solare
Come già suggerito nel prologo, il Sole è la nostra ovvia scelta come sorgente primaria di onde di torsione nella nostra eliosfera, visto che possiede il 99.86% dell'intera massa del Sistema Solare. Nel 1970, Saxel ed Allen dimostrarono che durante un'eclisse solare la presenza della Luna scherma i campi di torsione radianti dal Sole, cosa che provoca un incremento nel periodo di oscillazione di una bilancia di torsione. I metereologi V.S. Kazachok, O.V. Khavroshkin e V.V. Tsyplakov sono stati in grado di ripetere questo esperimento durante l'eclisse solare del 1976, producendo lo stesso effetto; tutto ciò venne poi pubblicato nel 1977. Altri hanno ottenuto gli stessi risultati osservando le semplici deviazioni di un pendolo durante un'eclisse solare.

Allineamenti molecolari: aiuto o schermo di effetti della torsione
Come già detto, la teoria Einstein-Cartan fu la prima a porre le basi teoretiche per l'esistenza dei campi di torsione, nel 1913.
La teoria predice che, a seconda della dislocazione, vi saranno torsioni orarie o antiorarie nello spazio. Le successive scoperte nella fisica dei quanti relative alla nozione di "spin" o rotazione hanno confermato che anche gli elettroni possono avere rotazione oraria o antioraria. Tutti gli atomi e le molecole mantengono vari gradi di bilanciamento fra spin destrorso e sinistrorso.
Kozyrev determinò che molecole fortemente destrorse come lo zucchero possono *schermare* gli effetti della torsione, mentre quelle fortemente sinistrorse come la trementina li *rinforzano*. Successive

indagini russe hanno stabilito che la comune pellicola di polietilene agisce come potente schermatura per le onde di torsione, pertanto essa viene usata in molti e diversi esperimenti, come quelli effettuati dal dott. Alexander Frolov.

Mutamenti "quantizzati" nel peso

Abbiamo parlato degli esperimenti di Kozyrev nei quali un oggetto veniva disturbato in vari modi, dopodiché esso tornava lentamente al suo bilanciamento normale dopo aver attraversato variazioni di peso. In questi esperimenti emerge un importante fattore, che fra l'altro non collima perfettamente con l'analogia della spugna immersa nel liquido; tale fattore è noto come "effetto quantizzazione". (Spiegheremo più avanti che cosa lo provochi). Quando qualcosa è *quantizzata*, significa che essa non si muove o si calcola scorrevolmente, ma solo scalarmente, a specifici intervalli. Detto semplicemente, *il peso di un oggetto non dovrebbe crescere o decrescere gradualmente negli esperimenti sulla "forza latente", ma solo a scatti improvvisi*. Questa è certamente una proprietà anomala della materia. Kozyrev afferma: Negli esperimenti di vibrazione su una bilancia la riduzione di peso avviene a scatti, iniziando con un certo potere vibrazionale. Se la frequenza della vibrazione è ulteriormente incrementata, la riduzione di peso sulle prime rimane la stessa, e quindi di nuovo cresce a scatti dello stesso valore... Finora una spiegazione realistica di questo fenomeno non è stata ancora trovata. In seguito si è riscontrato che l'effetto-quantizzazione si verifica in quasi tutti gli esperimenti.

Nel caso in questione, Kozyrev studiò gli effetti su un peso di 620 grammi, che egli sottopose a vibrazioni, misurate in hertz. Sia riscaldare che raffreddare sono funzioni della vibrazione, così a seconda di come facciamo vibrare un oggetto, ne possiamo accrescere o diminuire il peso. Nell'esperimento, la massa del peso di 620 grammi cresceva lievemente sottoponendo l'oggetto a vibrazioni a alta velocità. Per ottenere risultati numericamente chiari e precisi, in seguito Kozyrev e Nasonov applicarono una semplice funzione matematica per ri-normalizzare i risultati riferiti al peso da 620 g sulla misura più elevata e semplice di 1 kg. I seguenti numeri sono ri-normalizzati calcolando il peso di 1 kg:

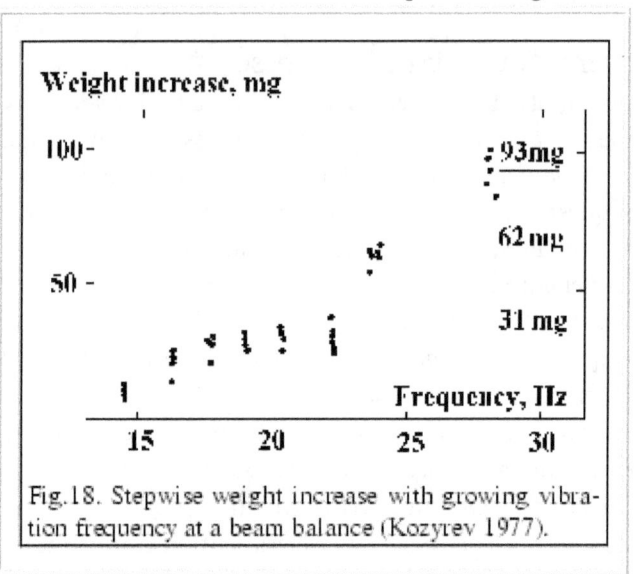

Fig.18. Stepwise weight increase with growing vibration frequency at a beam balance (Kozyrev 1977).

Figura 1.6. – Incrementi quantizzati nel peso attraverso aumento di frequenza vibrazionale, misurati attraverso bilancia.

Come emerge da questo grafico, quando le vibrazioni dello strumento giungono alla soglia di 16-23 Hz (o cicli per secondo), l'oggetto mostra un incremento stabile di 31 mg. A questo punto, se Kozyrev incrementava le vibrazioni tra 16 e 23 hertz non si verificava ulteriore guadagno di peso. Però, se le vibrazioni si spostavano sui 24 Hz, improvvisamente il peso lordo si incrementava spontaneamente del doppio, giungendo a 62 mg. Incrementando ancora, da 24 a 27 Hz, non si registrava cambio di peso. Arrivando a 28 Hz il peso netto di nuovo aumentava improvvisamente di altri 31 mg fino a raggiungere i 93 mg. Ogni

volta raggiunta una nuova soglia, il guadagno di 31 mg iniziali veniva aggiunto alla somma totale. Come Kozyrev scoprì, si ottengono effetti di cinque e dieci volte.
Questo effetto-quantizzazione si verificava in tutti gli esperimenti di Kozyrev, sia se l'oggetto in esame aumentasse sia se diminuisse di peso. Affinché una cosa simile possa aver luogo, l'intervallo-base di 31 mg misurato nell'oggetto di 1 kg deve essere una funzione combinata di volume, densità, peso e topologia (forma), simile al tono udibile percuotendo una campana di dimensioni, forma e densità date. Nel momento in cui Kozyrev aumentava la frequenza delle vibrazioni dell'oggetto, venivano prodotti nuovi intervalli di incremento di peso, ma *sempre espressi in unità di 31 mg.*
Questo effetto-quantizzazione costituisce in effetti una chiave molto importante per comprendere la natura multidimensionale della materia ed esemplifica chiaramente il fatto che gli atomi e le molecole possiedono una struttura a strati di onde sferiche nidificate, tipo cipolla.

La difficoltà di combinare i risultati di Kozyrev con la scienza ufficiale

Le idee di Kozyrev non sono state assimilate facilmente né velocemente dalla corrente scientifica ufficiale, specialmente in Occidente, forse perché la magnitudine degli effetti da lui rilevati non è sufficientemente visibile. Per esempio le forze addizionali introdotte nei suoi esperimenti meccanici cambiavano il peso degli oggetti di un mero fattore di $10^{-4}/10^{-5}$ come il giroscopio che diveniva solo 100 mg più leggero se fatto ruotare e vibrare allo stesso tempo. Il livello infinitesimale di un simile cambiamento, si può apprezzare ricordando che un semplice ingrediente attivo aggiunto ad una pillola di vitamine può pesare 100 mg.
Come Kozyrev stesso ritiene, "i risultati sperimentali mostrano che le proprietà di organizzazione del tempo esercitano un'influenza molto limitata sui sistemi di materia come le stelle, comparati al

corso naturale e distruttivo del loro sviluppo. Quindi non è sorprendente che un'entità simile ... non sia stata osservata nel nostro sistema di conoscenza scientifica. Comunque, essendo limitata, è distribuita ovunque in natura, ed è necessaria solo la sua capacità di essere immagazzinata. Scopo dell'Etere e' acquisire all'infinito informazioni, da ridistribuire in ogni punto di se stesso come tessuto continuo dell'universo.

Grafene

Il Grafene è una molecola bidimensionale, dello spessore di una sola molecola (0,35 nm) di atomi di carbonio, scoperto dal gruppo dei Prof. Andre Geim e Novoselov alla Manchester University.
Consiste in atomi di carbonio esagonali in disposizione vincolata molto simile a quella della maggior parte degli atomi di grafite, in grado di rimanere stabile da solo.
Il Grafene è un piano di atomi di carbonio che assomiglia ad una griglia ed è la base di tutti i materiali derivati dalla grafite raffigurati sopra. La Grafite è il principale componente delle matite, è una sostanza friabile di forma analoga ad una "torta a strati" che siano legati debolmente tra loro. Quando il Grafene è avvolto in forme

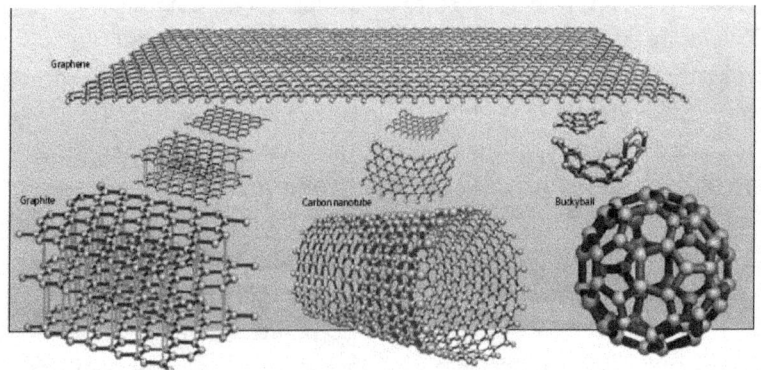

arrotondate si hanno dei Fullereni, ovvero materiale a nido d'ape di

forma cilindrica noti come nano-tubi di carbonio; quando assume la forma di pallone da calcio chiamato viene chiamato buckyballs.
Il Grafene viene creato in laboratorio, tramite procedimento che prevede dapprima il trattamento dei cristalli di grafite con una soluzione a base d'acido solforico e nitrico; quindi i cristalli vengono ossidati ed esfoliati per avere dei cerchi con gruppi carbossilici ai bordi. Infine si ha un trattamento con tionile cloruro che trasforma le molecole in cloruri acilici e successivamente in ammidi.
Lo strato compatto di atomi di carbonio permette di trasportare elettroni a notevole velocità, pertanto il Grafene risulta essere un ottimo materiale per dispositivi elettronici.
Gli atomi di Grafene sono ibridati nella forma sp^2 e si dispongono in forma esagonale con angoli a 120°. In caso di variazione della struttura, vale a dire in caso di disposizione pentagonale o ettagonale, si verifica una deformazione; con 12 pentagoni si ha la creazione però d'un Fullerene. In caso invece in cui si abbia un solo pentagono o un solo ottagono, sulla superficie sorgeranno increspature.

Fullerene
Un Fullerene è ogni molecola composta interamente di carbonio, che

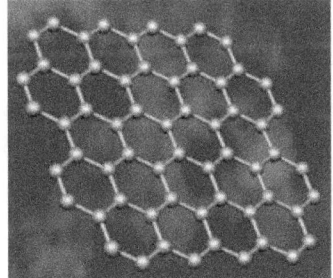

abbia forma di sfera cava, di ellissoide o di tubo. I Fullerene sferici sono anche chiamati buckyballs mentre quelli cilindrici si chiamano nano-tubi di carbonio o buckytubes. I Fullereni hanno struttura simile alla grafite che è composta da fogli di Grafene sovrapposti e connessi da anelli esagonali benché possano contenere anche anelli pentagonali (o talvolta ettagonali).
Il primo Fullerene ad essere scoperto, e che ha denominato la famiglia, il buckminster-Fullerene (C_{60}), fu preparato nel 1985

da Richard Smalley, Robert Curl, James Heath, Sean O'Brien e Harold Kroto alla Rice University. Il nome fu un omaggio all'architetto Buckminster Fuller per la somiglianza colle sue applicazioni di strutture topologiche alla costruzione di cupole geodesiche. La struttura era stata anche identificata circa cinque anni prima da Sumio Iijima da un'immagine al microscopio elettronico in esso formava il nucleo di una "bucky onion". I Fullereni da allora sono stati rilevati esistere (anche se rari) in Natura.

La scoperta di Fullerene ha dato un'ampia espansione al numero delle forme allotrope note del carbonio che fino ad anni recenti erano limitate alla grafite, al diamante ed al carbonio amorfo come la fuliggine e il carbone. Sia le Buckyballs che i buckytubes sono stati oggetto di intense ricerca per la loro chimica peculiare e per le loro applicazioni tecnologiche specialmente in scienza dei materiali, in elettronica e nelle nanotecnologie.

Altri tipi di Fullerene

La struttura a icosaedro troncata non è la sola forma possibile dei Fullerene. Sono infatti molti i tipi di gabbie che possono esser costruite con esagoni e pentagoni. La cosa interessante è che ogni tipo di quelle strutture deve contenere sempre 12 pentagoni, qualsiasi sia il numero di esagoni. I pentagoni sono necessari perché si realizzi una struttura chiusa (la grafite, che è composta solo da esagoni, è planare). Il numero dei vertici in qualsiasi forma di Fullerene è necessariamente pari.

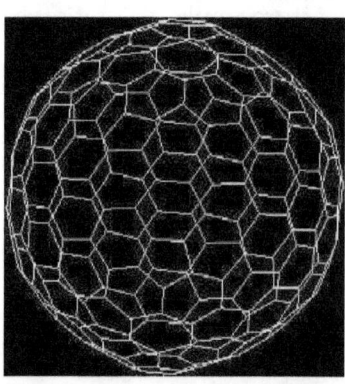

Il più piccolo Fullerene possibile è il C_{20}, che contiene 20 pentagoni e nessun esagono. Questo tipo di struttura ha comunque forti tensioni interne perché la forma d'ogni molecola di carbonio è fortemente non planare. Altri possibili Fullereni sono C_{28}, C_{32}, C_{44}, C_{50}, C_{58}, C_{70}, C_{76}, C_{84}, C_{240}, C_{540}, C_{960} e molte altre. La figura mostra la struttura d'una molecola di Fullerene C_{240}. Tra le forme di Fullerene la più comune dopo il C_{60} è il C_{70}, le altre sono molto rare.

Dato che le tensioni interne delle molecole si accumulano intorno ai pentagoni, perché responsabili della chiusura, le strutture senza pentagoni contigui (con un lato in comune) sono particolarmente stabili. Le forme più piccole in cui si realizza questa condizione sono quelle del C_{60} e del C_{70}.

La gabbia a struttura icosaedrica tronca $C_{60}H_{60}$ fu menzionata nel '65 come una loro possibile struttura topologica. L'esistenza del C_{60} era stata predetta da Eiji Osawa della Toyohashi University of Technology nel 1970. Egli aveva osservato che la struttura d'una molecola di corannulene era solo un sottoinsieme di una struttura a forma di pallone da calcio e aveva ipotizzato che potesse esistere anche una struttura a forma di pallone da calcio intero. La sua idea fu riportata sulla stampa scientifica Giapponese ma non era stata letta in Europa o nel continente Americano.

Nel 1970 R. W.Henson (a quel tempo all'Atomic Energy Research Establishment) propose quella struttura e articolò il modello C_{60}. Sfortunatamente la prova della correttezza di questa nuova forma del carbonio era ancora molto debole e non venne accettata, perfino dai suoi colleghi. I risultati non furono mai pubblicati ma vennero riconosciuti su *Carbon* nel 1999. Usando la spettrometria di massa, apparvero picchi discreti corrispondenti a molecole con la massa esatta di 60 o 70 o più atomi di carbonio. Nel 1985, Harold Kroto (alla University of Sussex), James R. Heath, Sean O'Brien, Robert Curl e Richard Smalley, della Rice University, scoprirono il C_{60}, e riuscirono a scoprire subito dopo i Fullereni. Kroto, Curl e Smalley ricevettero nel 1996 il Nobel per la Chimica per il loro ruolo nella scoperta di questa categoria di molecole. Il C_{60} ed altri Fullereni furono in seguito rilevati anche fuori dei laboratori (es. nella cenere delle candele). Nel '91 era relativamente semplice produrre campioni di grammi di polvere di Fullerene usando le tecniche di Donald Huffman e Wolfgang Krätschmer. La purificazione del Fullerene resta una sfida per i chimici e determina in gran parte il prezzo del Fullerene. Il cosiddetto Fullerene endoedrale incorpora ioni o piccole molecole entro le gabbie di atomi. Il Fullerene è un inusuale reagente in molte reazioni organiche come la reazione di Bingel scoperta nel 1993. I nano-tubi di carbonio furono scoperti nel 1991.

Minute quantità di Fullerene, nella forma di molecole C_{60}, C_{70}, C_{76} e C_{84} sono prodotte in natura, nascoste nella cenere e formate dallo innesco di scariche elettriche nell'atmosfera. Nel '92 i Fulleneni furono scoperti in Karelia, Russia in una famiglia di minerali nota come Shungiti. Nel 2010, i Fulleneni (C_{60}) sono stati scoperti in una nube di polvere cosmica che circonda una stella distante 6500 anni luce. Usando il telescopio all'infrarosso Spitzer della NASA gli scienziati vi hanno rilevato la firma infrarossa inconfondibile di quelle molecole. Sir Harry Kroto, che condivise il Premio Nobel 1996 in Chimica per la scoperta delle buckyballs commentò:"Questo eccitante progresso fornisce prove convincenti che, come sospettavo da tempo, le buckyball esistono da tempi immemorabili negli scuri recessi della nostra galassia." Il Fullerene è uno dei vari allotropi del

 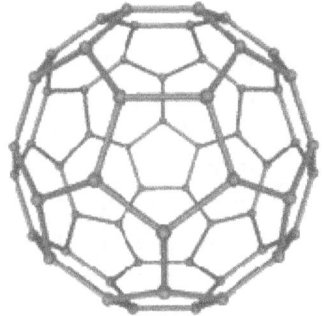

carbonio (i più conosciuti allotropi
del carbonio sono diamante e grafite oltre al carbonio amorfo e altre forme ancora definite non completamente da ricerche scientifiche). Sono molecole composte interamente di carbonio, che prendono forme simili a quella di sfere, di ellissoidi o di tubolari cavi. A volte il Fullerene ad approssimativa forma di sfera si chiama buckyball, mentre il Fullerene cilindrico è noto anche come buckytube o nano-tubo.

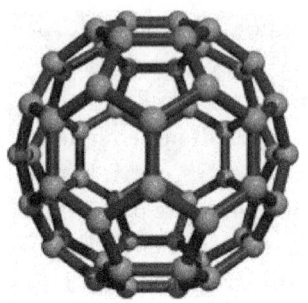
Fullerene a 60 atomi di carbonio

Nano-tubi
Struttura
I nano-tubi di carbonio vennero scoperti nel 1991 da S. Iijima in Giappone. Per mezzo di un microscopio elettronico a trasmissione ad altissima risoluzione Iijima osservò strutture tubulari di tipo Fullerenico nella fuliggine prodotta in una scarica ad arco tra due elettrodi di grafite.
Si tratta di strutture di carbonio a forma di ago e ciascun ago comprende tubi coassiali di fogli grafitici o di *Grafene* colle estremità chiuse da cupole emisferiche di strutture simili al Fullerene.
Durante il suo lavoro Iijima trovò che l'ago più sottile consisteva di due tubi concentrici, costituiti da fogli di esagoni di carbonio, distanti tra di loro 0,34 nm. Tra i tubi sintetizzati quello più piccolo presentava un diametro di 2,2 nm, corrispondente ad un anello di trenta esagoni di atomi di carbonio.
Le unità di chiusura presentano pentagoni che favoriscono la curvatura. Studi successivi hanno dimostrato che è non necessario che le cupole siano coniche o emisferiche ma possono formare strutture oblique. I nano-tubi possono essere suddivisi in due categorie: nano-tubi a parete singola, SWNT (*single wall nano-tube*), se costituiti da un solo foglio e nano-tubi a multi parete, MWNT (*multi wall nano-tube*), se formati da fogli posizionati come cilindri concentrici inseriti uno dentro l'altro. Nei MWNT ogni singolo

nano-tubo mantiene le sue proprietà per cui è molto difficile prevedere il comportamento risultante; inoltre questi nano-tubi multiparete contengono di solito un maggior numero di difetti e ciò limita le loro possibilità di impiego.

Meccanismi di crescita

I meccanismi di crescita dei nano-tubi non sono ancora del tutto chiari; l'unico dato che pare essere sicuro è che la formazione dei nano-tubi sia strettamente legato alla presenza di particelle metalliche di taglia nano-metrica, avente la funzione di promotori del processo di crescita.

Durante la crescita dei SWNT nei processi ad alta temperatura (laser o arco elettrico), l'estremità del tubo resta aperta, e la sua chiusura comporta la terminazione del processo di crescita.

Per i nano-tubi prodotti mediante CVD la teoria più accreditata è quella secondo cui la prima tappa della crescita del tubo è la formazione di uno strato emisferico di carbonio sulla superficie del catalizzatore. Il carbonio adsorbito sulla superficie libera del catalizzatore diffonde nel volume della particella, la attraversa, e una volta arrivato dall'altro lato "spinge" la calotta ad allontanarsi dalla particella metallica, formando le pareti del nano-tubo.

Se, al contrario, le condizioni operative sono sfavorevoli alla crescita del tubo, la particella viene coperta da una serie di strati concentrici di carbonio che danno luogo alla tipica struttura "a cipolla" che viene spesso ritrovata mescolata ai nano-tubi.

Il dibattito sul meccanismo di crescita dei MWNT, come per i SWNT, è ancora aperto. Ad ogni modo tutte le teorie sono concordi sull'aspetto di base del meccanismo: il carbonio è adsorbito sulla superficie libera del catalizzatore e diffonde all'interno della particella per alimentare la crescita del tubo. A partire da questo schema vi sono innumerevoli possibili varianti: la particella può restare al suo posto ed avere la funzione di "base" per la crescita del tubo (meccanismo "base-growth") oppure allontanarsi dal supporto, al quale resta collegata tramite il tubo (meccanismo "tip-growth"). Nel

primo caso il risultato finale sarà una un tubo chiuso da una calotta in carbonio, nel secondo caso sarà invece chiuso dalla particella di catalizzatore (lei stessa spesso ricoperta di carbonio).
La formazione di SWNT piuttosto che di MWNT dipende dalla tappa cineticamente determinante il processo di crescita: se la tappa determinante (cioè la più lenta) è quella della diffusione del carbonio all'interno della particella si avrà crescita preferenziale di MWNT, mentre se la tappa più lenta è l'alimentazione di carbonio alla particella di catalizzatore, si ha formazione preferenziale di SWNT.

Notazione dei nano-tubi

A seconda del senso di arrotolamento possono essere distinti tre tipi di nano-tubi: se le maglie della rete sono disposte con due lati degli esagoni paralleli o perpendicolari all'asse del nano-tubo, si hanno rispettivamente nano-tubi a *zig-zag* o a *armchair*, a seconda del profilo che disegnano gli atomi in una sezione del nano-tubo perpendicolare al suo asse; se i lati degli esagoni sono sfalsati progressivamente e determinano l'andamento a spirale, si hanno nano-tubi *chirali*. La Figura 1 di fianco mostra le tre tipologie.

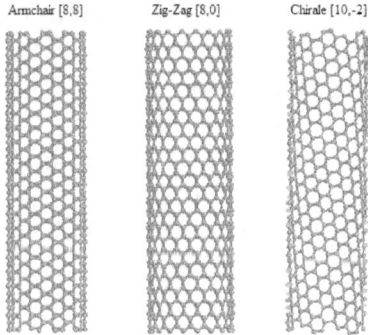

Le strutture osservate da Iijima quindi possono essere visualizzate come un reticolo grafitico bidimensionale sulla superficie di un cilindro. Ciascun vettore reticolo R definisce un modo diverso di arrotolare il foglio per formare il tubo. Se introduciamo i vettori unitari R_1 e R_2, come riporta la Figura 2, allora R può esprimersi come R= $n_1R_1 + n_2R_2$, perciò ciascun tubo può essere etichettato con una coppia di numeri interi [n_1, n_2].

Tutti i tubi così generati sono periodici in senso traslazionale lungo l'asse del tubo e possono essere definiti in termini di elicità e simmetria rotazionale. L'elicità e la simmetria rotazionale di un tubo definito da R possono essere viste usando i corrispondenti operatori di simmetria per generare il tubo. Questo è fatto dapprima introducendo un cilindro di raggio $|R|/2p$. I due atomi di carbonio posti a d = ($R_1 + R_2$)/3 e a 2d nella cella [0,0] della Figura 2 sono poi riportati sulla superficie di questo cilindro.

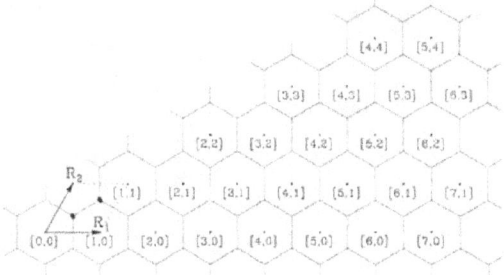

Figura 2

Il primo atomo è posto in un punto arbitrario sulla superficie del cilindro; la posizione del secondo viene trovata ruotando questo punto di $2p(d \cdot R)/|R|^2$ radianti intorno all'asse e contemporaneamente traslando di $|dxR|/|R|$ unità lungo quest'asse. Quest'ultimo deve coincidere con un asse di rotazione C_N, dove N è il massimo comun divisore di n_1 e n_2. Perciò le posizioni di questi primi due atomi possono essere utilizzate per localizzare altri 2(N-1) atomi sulla superficie del cilindro in seguito a (N-1) successive rotazioni di 2p/N attorno all'asse. Complessivamente questi 2N atomi specificano il motivo ad elica che definisce un'area sulla superficie del cilindro data da $A_M = N |R_1 \times R_2|$. Questo motivo ad elica può essere usato per rivestire il resto del tubo attraverso una serie di operazioni S (h, a), rappresentanti una traslazione di h unità lungo l'asse del cilindro e una rotazione di *a* radianti intorno all'asse. In Figura 3 è riportato un esempio di tubo [6,3] definito quindi da R= $6R_1 + 3R_2$.

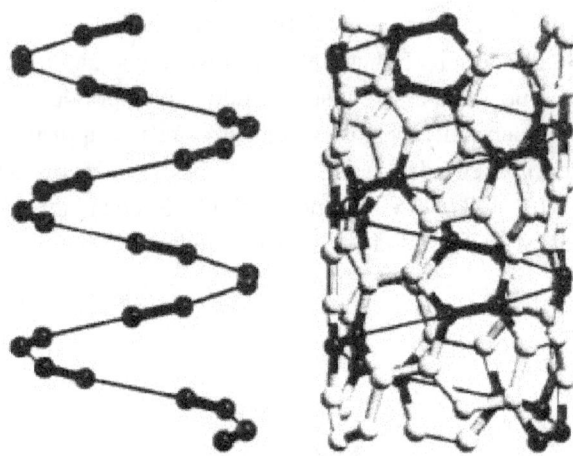

Figura 3
Sulla sinistra è rappresentato un terzo del tubo [6,3] generato applicando S (*h*, *a*), dove a = $3p/7$ e h = $3|d|/2 \sqrt{7}$, soltanto ai primi due atomi riportati sul cilindro. Sulla destra è riportata anche la rimanente parte del tubo generata applicando S (*h*, *a*) all'intero motivo ad elica, composto da sei atomi.

A questo punto è possibile ridefinire la classificazione dei nano-tubi facendo ricorso alla notazione sopra descritta: nel caso in cui $n_2 = 0$ il nano-tubo è detto a *zig-zag*; se $n_1 = n_2$ è definito *armchair*; in tutti gli altri casi si parla di nano-tubi *chirali*.

Proprietà meccaniche

I nano-tubi a base di carbonio sono alcuni dei materiali più resistenti e duri: evidenze sperimentali dimostrano che possono dar luogo a rigide bacchette elastiche di densità molto bassa e uniche proprietà meccaniche, come forza tensile e modulo di Young, per cui i nano-tubi sono i candidati ideali per materiali compositi a elevata prestazione. La forza e la rigidità dei nano-tubi a base di carbonio

sono il risultato della ibridazione sp^2 del legame carbonio-carbonio. I MWNT prodotti mediante il metodo della scarica ad arco, in grado di fornire strutture pressoché perfette costituite da cilindri di Grafene, presentano migliori proprietà meccaniche rispetto ai SWNT. Sui fogli grafitici possono essere presenti difetti puntuali, ma questi possono essere rimossi mediante trattamento ad elevata temperatura. Tuttavia i difetti possono ammassarsi e ciò può ridurre anche di ordini di grandezza il modulo elastico e la forza tensile. A dimostrazione di questo, in vari esperimenti su nano-tubi sintetizzati con metodi diversi dalla scarica ad arco, si sono ottenuti valori di conduttività elettrica di circa due ordini di grandezza inferiori a quelli della grafite cristallina a temperatura ambiente.
Per effettuare la caratterizzazione delle proprietà meccaniche generalmente è necessario controllare la crescita dei nano-tubi, sia SWNT sia MWNT, in particolare la loro lunghezza, il diametro e l'allineamento. Il modulo di Young e la forza tensile vengono misurati direttamente sottoponendo a uno stiramento di alcuni millimetri fasci contenenti migliaia di nano-tubi: in pratica dopo aver fissato il fascio dalle estremità si misura la deformazione in funzione della forza assiale applicata. Questo generalmente viene eseguito depositando una goccia della sospensione contenente i nano-tubi su una membrana: i nano-tubi diffondono sui pori e la interazione attrattiva che si stabilisce fissa i tubi al substrato. La curva sforzo-deformazione si ottiene tramite osservazioni TEM, SEM e AFM dei profili delle sezioni trasversali dei tubi, da cui poi si determina il diametro, la lunghezza e la deformazione. Inoltre contemporaneamente, al fine di verificare il numero di tubi rotti, si ricorre alla misura della conduttività elettrica.
La deformazione d d'un fascio è data dall'equazione $d = FL^3 / (EI)$ dove F è la forza applicata, L la lunghezza, E il modulo elastico, I il momento di inerzia; la pendenza della curva fornisce direttamente il modulo elastico dei MWNT, una volta noti lunghezza e raggio.
È bene mettere in evidenza il fatto che, per un fascio, si può calcolare

il modulo di Young come semplice media dei valori relativi a ogni singolo tubo, mentre ciò non è possibile per la forza tensile. Infatti, in seguito a una sollecitazione meccanica il tubo più debole del fascio si romperà per primo; la ridistribuzione del carico, di conseguenza, aumenta la deformazione dei tubi rimanenti fino alla rottura del secondo tubo più debole, e così via. Ovviamente questo processo abbasserà il valore della forza tensile del fascio e conseguentemente il valore che se ne deriva per i singoli tubi.

Vari esperimenti dimostrano che non vi è una correlazione significativa tra il modulo elastico e il diametro del tubo. Molti studi sul comportamento elastico di MWNT isolati sono stati effettuati da Treacy facendo ricorso alla microscopia a trasmissione elettronica. I valori ottenuti per il modulo di Young ricadono all'interno di intervallo piuttosto ampio a causa delle inevitabili incertezze sperimentali, quali ad esempio la stima della lunghezza e della sezione trasversale del nano-tubo. Tuttavia i valori medi del modulo di Young per i MWNT si aggirano intorno a 1-2 TPa; se le strutture sono totalmente prive di difetti si raggiungono valori delle decine di TPa, in contrasto con i valori ottenuti per MWNT sintetizzati con metodi diversi dalla scarica ad arco (0,5 TPa). La diminuzione del modulo elastico per questo tipo di nano-tubi sembra sia principalmente dovuto al non-allineamento dei piani grafitici con l'asse del tubo.

Per quanto riguarda i SWNT vari studi hanno fornito come risultato valori del modulo di Young circa pari a 1 TPa, paragonabile a quello della grafite e del diamante. Diversi esperimenti hanno inoltre dimostrato che il modulo elastico è indipendente dalle dimensioni e dall'elicità del nano-tubo.

Proprietà Elettroniche e Termiche

Nonostante l'affinità strutturale a un foglio di grafite, che è un semiconduttore, i SWNT possono assumere comportamento metallico o semiconduttore a seconda del modo in cui il foglio di grafite è arrotolato a formare il cilindro del nano-tubo. Il senso di arrotolamento e il diametro del nano-tubo possono essere ottenuti dalla coppia di interi [n_1, n_2], che denotano il tipo di tubo. Tutti i SWNT armchair hanno comportamento metallico; quelli con $n_1 - n_2 = 3k$, dove $k \neq 0$, sono semiconduttori con un band gap piccolo; tutti gli altri sono semiconduttori con un band gap inversamente proporzionale al diametro del nano-tubo. Le proprietà elettroniche dei MWNT perfetti sono simili a quelle dei SWNT perfetti, perché l'accoppiamento fra i cilindri nei MWNT è debole.

Per la loro struttura elettronica, il trasporto elettronico nei SWNT e nei MWNT metallici ha luogo nel senso della lunghezza del tubo, per cui sono in grado di trasportare correnti elevate senza surriscaldarsi (fenomeno chiamato conduzione balistica).

Le proprietà termiche sono rappresentate dal calore specifico e dalla conduttività termica, determinate entrambe attraverso fonini, che si propagano facilmente lungo il tubo; per questo i nano-tubi sono dei buoni conduttori termici e dei buoni isolanti trasversalmente all'asse del tubo.

Le misure del calore specifico di MWNT, nell'intervallo di temperatura che va da 10 a 300 K, ne rivelano una dipendenza lineare dalla temperatura, così come avviene per la grafite; invece misure effettuate su fasci di SWNT mostrano che il calore specifico dipende in modo lineare dalla temperatura, ma questa dipendenza aumenta a temperatura basse.

La conduttività termica misurata per MWNT e per fasci di SWNT è proporzionale a T^2 tra 10 e 300 K, un comportamento simile a quello della grafite, diminuisce al diminuire della temperatura e mostra una dipendenza lineare sotto i 30 K. Generalmente a temperatura ambiente per un MWNT isolato, la conduttività termica (>3000 W/m·K) è più grande di quella del diamante naturale e della grafite (2000 W/m·K).

Bucky balls

La struttura delle Bucky balls si basa su 60 coordinate correlate nelle strutture topologiche al numero aureo di Fibonacci 1.61803398874989... che in architettura è stato applicato sin dalle dimensioni della Grande Piramide in Egitto,i cui vertici formano un angolo di 51.83 gradi, il cui coseno è il 'phi' o 0.618. Le Bucky balls hanno quel nome dall'architetto Buckminster Fuller, che divulgò e rese popolare le cupole geodesiche. Le odierne applicazioni di strutture costruttive fondate sul phi somo molteplici ed osservabili da tutti in tenso-strutture di stadi gonfiati o nelle pseudo-sfere dei centri radar. La forma definita dalle Bucky balls si trova anche nelle molecole del Carbonio 60, una forma di carbonio puro con 60 atomi in una configurazione quasi sferica come quella dei palloni a icosaedro tronco del calcio.

Le Bucky balls consistono di 60 punti sulla superficie di una forma sferica dove le distanze da ogni punto ai suoi tre punti più prossimi adiacenti sulla sfera sono identiche per tutti i punti.

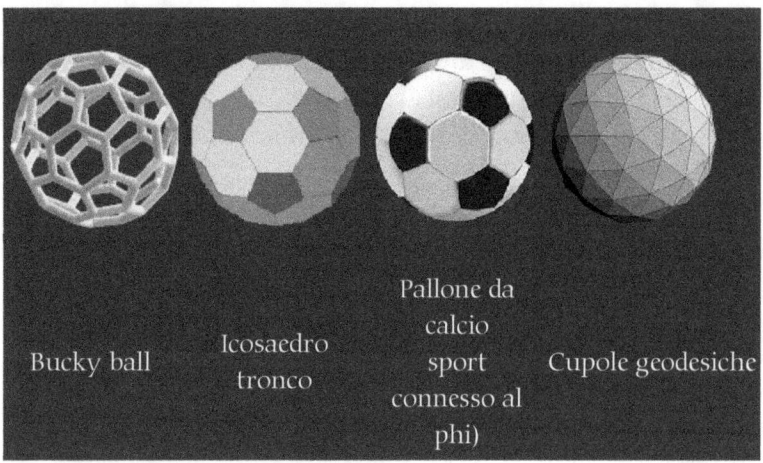

Bucky ball — Icosaedro tronco — Pallone da calcio sport connesso al phi) — Cupole geodesiche

Osservare che la superficie consiste di 12 pentagoni a-base phi, ognuno dei quali è connesso a 5 dei 20 esagoni, come mostra la struttura proiettata su superficie qui di seguito:

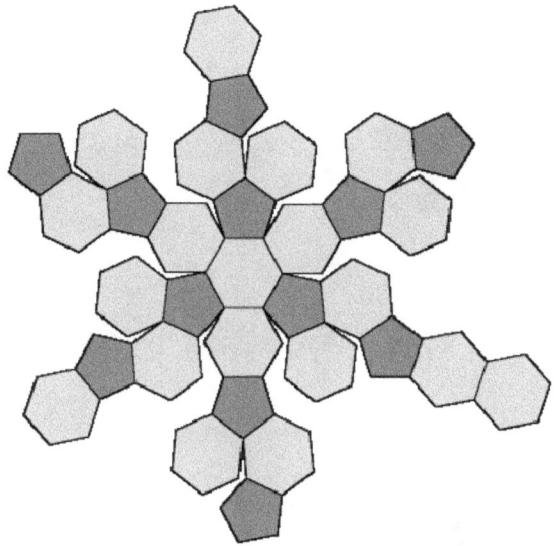

Nelle cupole geodesiche, ogni pentagono ed esagono è diviso in triangoli di forma identica, conducendo la forma ancora più prossima alla sfera. Le coordinate dei 60 vertici di una Bucky ball centrati sull'origine di assi 3Dimensionali. Queste coordinate sono le stesse dei vertici dei tre seguenti rettangoli mostrati sulle pagine della Geometria:
(0,+-1,+-3f), (+-1,+-3f,0), (+-3f,0,+-1)
Li si può definire anche con I sei seguenti mattoni (parallelepipedi) 3Dimensionali:
(+-2,+-(1+2f),+-f)
(+-(1+2f),+-f,+-2)
(+-f,+-2,+-(1+2f))
(+-1,+-(2+f),+-2f)
(+-(2+f),+-2f,+-1)
(+-2f,+-1,+-(2+f))
Forniamo anche una lista completa di tutte le coordinate:

(0,1,3f)
(0,1,-3f)
(0,-1,3f)
(0,-1,-3f)

(1,3f,0)
(1,-3f,0)
(-1,3f,0)
(-1,-3f,0)

(3f,0,1)
(3f,0,-1)
(-3f,0,1)
(-3f,0,-1)
(2,(1+2f),f)

(2,(1+2f),-f)
(2,-(1+2f),f)
(2,-(1+2f),-f)
(-2,(1+2f),f)
(-2,(1+2f),-f)
(-2,-(1+2f),f)
(-2,-(1+2f),-f)

((1+2f),f,2)
((1+2f),f,-2)
((1+2f),-f,2)
((1+2f),-f,-2)
(-(1+2f),f,2)
(-(1+2f),f,-2)
(-(1+2f),-f,2)
(-(1+2f),-f,-2)

(f,2,(1+2f))
(f,2,-(1+2f))
(f,-2,(1+2f))
(f,-2,-(1+2f))
(-f,2,(1+2f))

(-f,2,-(1+2f))
(-f,-2,(1+2f))
(-f,-2,-(1+2f))

(1,(2+f),2f)
(1,(2+f),-2f)
(1,-(2+f),2f)
(1,-(2+f),-2f)
(-1,(2+f),2f)
(-1,(2+f),-2f)
(-1,-(2+f),2f)
(-1,-(2+f),-2f)

((2+f),2f,1)
((2+f),2f,-1)
((2+f),-2f,1)
((2+f),-2f,-1)
(-(2+f),2f,1)
(-(2+f),2f,-1)
(-(2+f),-2f,1)
(-(2+f),-2f,-1)

(2f,1,(2+f))
(2f,1,-(2+f))
(2f,-1,(2+f))
(2f,-1,-(2+f))
(-2f,1,(2+f))
(-2f,1,-(2+f))
(-2f,-1,(2+f))
(-2f,-1,-(2+f))

Quantum Computing

Un computer quantistico (o quantico) è un dispositivo per il trattamento ed elaborazione delle informazioni che per eseguire le classiche operazioni sui dati utilizza i fenomeni tipici della meccanica quantistica, come la sovrapposizione degli effetti e l'entanglement.

In un computer classico, la quantità di dati viene misurata in bit, mentre in un computer quantico l'unità di misura è il qubit. Il principio che sta alla base del computer quantico, è che le proprietà quantistiche delle particelle possono essere utilizzate per rappresentare strutture di dati, e che il complesso meccanismo della meccanica quantistica può essere sfruttato per eseguire operazioni su tali dati.

La prima idea di computer quantico la espose Richard Feynman nel 1982 pensandolo sulla base della sovrapposizione di stati delle particelle elementari.

Anche Eric Drexler indipendentemente rifletté sulla costruzione di computer molecolari (Nel suo libro *Engines of creation*: Motori della creazione).

Nel 1985 David Deutsch ne dimostrò la validità.

Nel 1994 Peter Shor dimostrò che così sarebbe stato possibile fattorizzare qualsiasi numero a grandi velocità.

Nel 1998 il fisico Bruce Kane propone la costruzione d'un elaboratore quantistico su atomi di fosforo disposti su strato di silicio di 25 nanometri. Sarà chiamato *computer quantistico di Kane*.

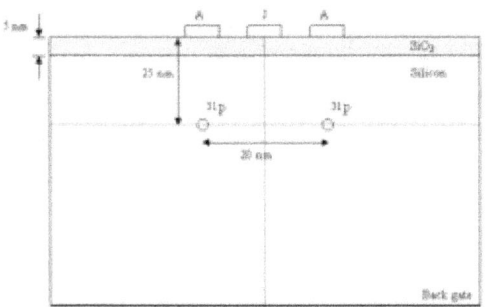

Schema del computer di Kane

Ultimamente si susseguono di continuo molte scoperte e innovazioni che possono aiutare nella costruzione di un computer quantistico. I campi di studio per arrivare ad applicazioni pratiche sono la nanotecnologia(nanoelettronica, optoelettronica e elettronica molecolare, nanochimica, fotonica, fisica delle particelle), la spintronica oltre che all'informatica, alla crittografia e alla logica quantistica.

Nei computer quantistici potrebbero essere utilizzati nanotubi di carbonio (utilizzabili come memorie o come elaboratori d'informazione), la correlazione quantistica (comunicazione), atomi artificiali, fotoni (comunicazione), materiali superconduttori e autoassemblanti, pozzi quantistici.

Un nuovo modo di sfruttare la natura.

Molte tappe nella storia della tecnologia hanno comportato la scoperta di nuovi modi per sfruttare la natura: l'utilizzo di varie risorse fisiche come materiali, forze e sorgenti di energia ha fatto si' che l'uomo compisse progressi tecnologici sempre più grandi. Nel corso del Ventesimo Secolo l'informazione è entrata a far parte della tecnologia, a partire dal momento in cui l'invenzione dei computer ha permesso di processare informazioni complesse all'esterno dei cervelli umani. La stessa storia dei calcolatori è intessuta di una sequenza di cambiamenti da un tipo di implementazione fisica ad un altro, dalle prime valvole ai circuiti integrati di oggi. Fino alle

odierne tecniche più avanzate che ci consentono di costruire componenti di dimensioni inferiori al micron; e presto avremo chip ancora più ridotti, sino a raggiungere il punto in cui le porte logiche necessarie al funzionamento dei computer saranno costituite di pochi atomi ciascuna.
Sul piano degli atomi, la materia obbedisce alle regole della meccanica quantistica, molto differenti da quelle della fisica classica, che invece determinano le proprietà delle porte logiche convenzionali. Per questo motivo, se i computer dovranno diventare di dimensioni così ridotte nel prossimo futuro, una tecnologia completamente nuova dovrà sostituire ciò che utilizziamo ora. La tecnologia quantistica, però, può offrire molto di più della diminuzione delle dimensioni e dell'aumento della velocità di clock dei calcolatori: essa può aprire la strada a calcoli di un genere completamente nuovo, con algoritmi basati su principi quantistici diversi da quelli a cui siamo abituati. Questa nuova tecnologia prende il nome di *Quantum Computing*.
Il Quantum Computing nasce dall'unione tra Teoria dell'Informazione classica, Informatica e Fisica Quantistica. Questo breve articolo vuole essere un'introduzione al Quantum Computing e all'argomento molto vasto della nuova Teoria dell'Informazione Quantistica. La cosa che stupisce maggiormente è che la Teoria dell'Informazione e la Meccanica Quantistica si sposano in effetti molto bene, dando vita ad interessanti implicazioni.

Un po' di storia.

I fondamenti dell'Informatica sono stati formulati più o meno contemporaneamente alla Teoria dell'Informazione di Shannon, fatto che non deve essere considerato come una mera coincidenza. Il padre dell'Informatica è probabilmente Alan Turing (1912-1954), ed il suo profeta è Charles Babbage (1791-1871). Babbage, infatti, ha concepito gli elementi essenziali d'un calcolatore moderno, nonostante ai suoi tempi non esistesse la tecnologia necessaria a realizzare praticamente le sue idee. È dovuto passare un intero secolo prima che l'Analytical Engine di Babbage fosse migliorata in quello che Turing ha descritto come la Universal Turing Machine, verso la metà degli anni 30. I più grandi meriti di Turing sono stati il chiarire con estrema precisione di che cosa debba essere capace una macchina per il calcolo e l'enfatizzare il ruolo del software e della programmazione, più ancora di quanto non avesse fatto il suo predecessore.

I moderni calcolatori elettronici non sono né Macchine di Turing né Motori di Babbage; ciononostante sono basati su principi molto simili e possiedono un potere computazionale equivalente. Senza scendere troppo nel dettaglio, vogliamo porre l'accento sul fatto che durante la storia dello sviluppo dei computer non vi è stato mai alcun sostanziale cambiamento dell'idea essenziale di calcolatore o di come esso operi. Tutti i miglioramenti sono quantificabili in termini di velocità e dimensioni. Ed ecco che cosa differenzia il Quantum Computing dall'Informatica classica: *la Meccanica Quantistica per la prima volta fa intravvedere la possibilità di un cambiamento sostanziale dei computer e del loro modo di operare.* Cerchiamo di capire semplicemente in che termini ed in che modo.

Dal bit al qubit.

La caratteristica fondamentale dell'informazione è la possibilità di essere codificata in un numero di modi virtualmente infinito. Ad esempio la frase italiana "*Alice è a casa mia*" ed il corrispettivo francese "*Alice est chez-moi*" contengono la stessa informazione, espressa in codici differenti.

Comunque sia, ciò che accomuna tutti i modi di esprimere informazione è la necessità di strumenti fisici. Le parole parlate, infatti, sono costituite da fluttuazioni nella pressione dell'aria, quelle scritte da molecole di inchiostro su carta, persino gli stessi pensieri dipendono dai neuroni. Il motto dei ricercatori è pertanto: "nessuna informazione senza la sua rappresentazione fisica!".

I computer classici che tutti conosciamo utilizzano come unità di informazione di base il cosiddetto *bit*. Da un punto di vista prettamente fisico il bit è un sistema a 2 stati: può infatti essere indotto in uno dei due stati distinti rappresentanti 2 valori logici - no o sì, falso o vero, o semplicemente 0 o 1. In termini pratici, senza scendere nei dettagli implementatitivi, il bit viene realizzato utilizzando le proprietà dell'energia elettrica (assenza di carica o presenza di carica). Un bit di informazione può ovviamente venire rappresentato anche attraverso altri mezzi: ad esempio con 2 differenti polarizzazioni di luce o 2 differenti stati elettronici d'un atomo. Ed è proprio quando arriviamo all'infinitamente piccolo che la Meccanica Quantistica entra in gioco, informandoci che se un bit può esistere in 2 stati distinti può anche esistere in una loro *sovrapposizione coerente*. Si tratta di un terzo stato, che non ha un analogo classico in generale, in cui l'atomo rappresenta entrambi i valori 0 e 1 contemporaneamente. Per aiutare a comprendere come una quantità fisica possa assumere 2 valori in contemporanea viene in genere illustrato un semplice esperimento di riflessione dei fotoni, che noi non tratteremo, limitandoci a segnalarlo tra i Riferimenti. Occupiamoci invece di ampliare ulteriormente il concetto di sovrapposizione di numeri. Consideriamo un registro composto da 3 bit fisici. Un registro a 3-bit classico può contenere esattamente uno degli 8 diversi numeri possibili: in altre parole esso può trovarsi in una delle otto possibili configurazioni *000, 001, 010, ..., 111*, rappresentazioni binarie dei numeri da 0 a 7. A differenza di ciò, un registro quantistico composto da 3-qubit (come vengono chiamate le unità di informazione di base nel Quantum Computing, corrispettive del bit classico) è in grado di contenere fino a tutti e 8 i numeri contemporaneamente in una sovrapposizione quantistica.
Il fatto che 8 numeri differenti possano essere fisicamente presenti in contemporanea nello stesso registro è una diretta conseguenza delle proprietà dei qubit, e ha delle grandi implicazioni dal punto di vista della Teoria dell'Informazione. Se aggiungessimo più qubit al

registro, la sua capacità di memorizzare informazioni crescerebbe in maniera esponenziale: 4 qubit possono immagazzinare fino a 16 numeri allo stesso tempo, ed in generale L qubit sono in grado di conservare 2^L numeri contemporaneamente. Un registro di 250-qubit, per capirci, composto essenzialmente di 250 atomi, sarebbe capace di memorizzare più numeri contemporaneamente di quanti siano gli atomi presenti nell'Universo conosciuto. Un dato senza dubbio scioccante.

In termini pratici, però, quando misuriamo il contenuto di un registro siamo in grado di vedere solamente uno dei numeri della sovrapposizione: ciò rappresenta sicuramente un problema nel caso di quantistica applicata a problemi tradizionali molto semplici. Ma nel caso in cui dovessimo effettuare un calcolo quantistico più complesso, che consista di più passaggi e pertanto più operazioni sui registri, il vero vantaggio del Quantum Computing inizierebbe a manifestarsi: quando un registro contiene una sovrapposizione di molti numeri differenti, infatti, un calcolatore quantistico è in grado di effettuare operazioni matematiche su tutti loro contemporaneamente, allo stesso costo in termini computazionali dell'operazione eseguita su uno solo dei numeri. Ed il risultato sarà a sua volta una sovrapposizione coerente di più numeri. In altre parole: è possibile eseguire un massiccio calcolo parallelo ad un costo computazionale irrisorio rispetto a quello richiesto dai computer tradizionali, che avrebbero bisogno per compiere la stessa operazione di ripetere il calcolo 2^L volte o di poter contare su 2^L processori paralleli.

In breve, ecco riassunto quello che ci offre un calcolatore quantistico: un enorme guadagno di risorse computazionali come tempo e memoria, anche se solamente per certi tipi di operazione.

Algoritmi quantistici.

Cerchiamo ora di fare luce sulle possibili applicazioni dei calcolatori quantistici. Come abbiamo accennato le leggi della fisica ci permettono di leggere un solo risultato da un registro, anche se esso contiene $2\wedge L$ numeri differenti: per questo motivo il Quantum Computing non ci porta un vantaggio immediato in termini di conservazione dell'informazione. Sapendo però che grazie ad una proprietà dei quanti molto importante nota con il nome di *quantum interference* siamo in grado di ottenere un risultato finale singolo che dipende logicamente da tutti i $2\wedge L$ risultati intermedi, possiamo comprendere gli algoritmi che sono stati introdotti dai ricercatori. Consideriamo ad esempio l'algoritmo scoperto da Lov Grover dei Bell Labs della AT&T, che realizza una ricerca in una lista non ordinata di N elementi in radice di N passi. È lampante per chi non è totalmente digiuno di informatica che un algoritmo del genere è impossibile da realizzare con le tecniche classiche. Pensiamo, ad esempio, di dover ricercare un numero di telefono specifico all'interno di un elenco contenente 1 milione di elementi, ordinati alfabeticamente: è ovvio che nessun algoritmo classico può migliorare il metodo di ricerca a forza bruta che consiste nella semplice scansione degli elementi fino a quando non si trova quello che ci interessa. Gli accessi alla memoria richiesti nel caso medio saranno pertanto 500.000, che è dello stesso ordine di grandezza di N (O(N), come viene comunemente espresso in notazione matematica).

Un computer quantistico è invece in grado di esaminare tutti gli elementi simultaneamente, nel tempo di un singolo accesso alla memoria: se fosse programmato per stampare semplicemente il risultato a questo punto, però, non costituirebbe un miglioramento rispetto all'algoritmo classico, perché solamente uno su1 milione dei percorsi di calcolo effettuati conterrà l'elemento a cui siamo interessati, e per conoscerlo dovremo per forza di cose ispezionarli tutti.

Se però lasciamo l'informazione quantistica ricavata all'interno del calcolatore senza misurarla, possiamo applicarvi direttamente un'altra operazione che automaticamente andrà ad influire su altri percorsi (che comunemente vengono chiamati *universi*). In questo modo l'informazione riguardante l'elemento ricercato è diffusa, attraverso la quantum interference, ad altri universi. Si è verificato che se questa operazione che genera interferenza viene ripetuta radice di N volte (nel nostro caso 1000), l'informazione che ci interessa sarà accessibile attraverso il misuramento con una probabilità di 0.5: in altre parole, si sarà diffusa in più della metà degli universi possibili. Pertanto ulteriori ripetizioni dell'algoritmo ci permetteranno di trovare il risultato che ci interessa con una probabilità molto prossima ad 1.

Nonostante l'algoritmo di Grover sia uno strumento estremamente versatile e potente, in pratica la ricerca in un database fisico sarà difficilmente una delle sue applicazioni fondamentali, almeno fino a quando la memoria classica resterà molto più economica di quella quantistica. Per queste ragioni, il campo in cui questo algoritmo dà il meglio di sé è sicuramente quello della ricerca algoritmica, nella quale i dati non sono conservati in memoria, ma sono generati al volo da un programma: pensiamo ad esempio ad un calcolatore quantistico programmato per giocare a scacchi, che utilizzi l'algoritmo di Grover per investigare tutte le possibili mosse a partire da una determinata configurazione della scacchiera.

Come Gilles Brassard dell'Università di Montreal ha recentemente fatto notare, inoltre, un'altra importantissima applicazione dell'algoritmo di Grover è nel campo della crittanalisi, per attaccare schemi crittografici classici come il Data Encryption Standard (DES) con un approccio a forza bruta. Crackare il DES fondamentalmente richiede una ricerca tra tutte le $2^{56} = 7 \times 10^{16}$ possibili chiavi. Un computer classico, potendo esaminarne ad esempio 1 milione al secondo, impiegherebbe migliaia di anni a scoprire quella corretta; un computer quantistico che utilizzi l'algoritmo di Grover, invece, ci metterebbe meno di 4 minuti.

Per qualche strana coincidenza, molte delle caratteristiche superiori dei calcolatori quantistici hanno applicazioni nel campo della

crittologia. Oltre all'algoritmo di ricerca di Grover che abbiamo appena visto, c'è quello scoperto nel 1994 da Peter Shor (un altro ricercatore dei Bell Labs) per la fattorizzazione efficiente di numeri interi grandi. In questo caso la differenza di performance tra gli algoritmi quantistici e quelli classici è ancora più spettacolare.
I matematici sono convinti (anche se di fatto la cosa non è mai stata dimostrata in maniera rigorosa) che la fattorizzazione di un numero intero con N cifre decimali sia particolarmente pesante in termini computazionali: per portare a termine l'operazione, qualsiasi computer classico ha bisogno di un numero di passi che cresce esponenzialmente con N. Questo significa che aggiungendo una semplice cifra al numero da fattorizzare il tempo necessario a compiere l'operazione si moltiplica per un fattore fisso. Per rendere meglio l'idea, basti pensare che fino ad ora il numero più grande che è stato fattorizzato, nel corso di una "gara" tra matematici, aveva 129 cifre. Nessuno è in grado di concepire la possibilità di fattorizzare numeri di migliaia di cifre con i metodi classici: il calcolo richiederebbe più volte l'età stimata dell'Universo.
In contrasto, i calcolatori quantistici possono fattorizzare numeri di migliaia di cifre in una frazione di secondo, ed il tempo di esecuzione cresce solamente secondo il cubo del numero delle cifre (e non esponenzialmente come nel caso dell'algoritmo classico).
La cosa più interessante è che sulla difficoltà di calcolo dell'operazione di fattorizzazione si basa la sicurezza di quelli che sono al momento i metodi di cifratura più utilizzati ed universalmente riconosciuti come inattaccabili: stiamo parlando in particolar modo del sistema RSA (Rivest, Shamir e Adleman). Tale algoritmo crittografico è largamente impiegato per proteggere le comunicazioni più riservate e le transazioni bancarie, che si avvalgono d'uno schema crittografico a chiave asimmetrica (la crittografia a chiave pubblica è stata scoperta originariamente da Ellis e Cocks del GCHQ inglese). Quando dovesse essere costruito un engine quantistico per la fattorizzazione, tutti i sistemi crittografici

a chiave asimmetrica diverranno completamente insicuri. Probabilmente questo momento è ancora lontano, ma di fatto le recenti scoperte ci fanno capire che è ora di pensare ad altri metodi crittografici, in previsione di quello che ci può riservare il futuro.

Che cosa ci riserva il futuro?

In linea di principio siamo già in grado di costruire un calcolatore quantistico: cominciamo con delle semplici porte logiche quantistiche, che come nel caso delle porte classiche sono dei semplici device in grado di eseguire un'operazione elementare su uno o due qubit. Ovviamente essi differiscono dalle loro controparti classiche, perché sono in grado di operare anche su sovrapposizioni quantistiche. Tali porte dovranno poi essere collegate in reti, per poter operare come un unico computer.

Al crescere del numero delle porte quantistiche nella rete, però, ci imbattiamo rapidamente in alcuni problemi pratici molto seri. Più qubit sono coinvolti, più diventa complesso gestire l'interazione che genera la quantum interference. A parte le difficoltà derivanti dal dover lavorare a livello di singolo atomo e singolo fotone, uno dei problemi più importanti è quello di impedire che anche l'ambiente venga modificato dalle interazioni che generano le sovrapposizioni quantistiche. Più componenti vi sono, più si fa probabile che l'informazione quantistica si diffonda all'esterno del computer per perdersi nell'ambiente, compromettendo i risultati del calcolo. Questo processo prende il nome di "decoerenza", e per evitarlo gli ingegneri devono riuscire a produrre sistemi sub-microscopici nei quali i qubit si influenzano l'un l'altro, ma sono completamente separati dall'ambiente esterno. Per lo stesso motivo, è immediato osservare che gli effetti dell'interferenza quantistica che rendono realizzabili algoritmi come quello di Shor sono estremamente fragili: i computer quantistici sono molto sensibili alle interferenze provenienti dall'esterno.

Ed è a questo punto che entra in gioco la nuova Teoria dell'Informazione Quantistica, nata dal connubio tra Teoria dell'Informazione classica e Quantum Computing: è infatti possibile, combinando elementi delle due discipline, realizzare calcolatori quantistici molto meno sensibili alle interferenze esterne, grazie a quella che viene chiamata *quantum error correction*. Solo nel 1996 sono stati realizzati due documenti di Calderbank e Shor, e indipendentemente Steane, che hanno stabilito i principi generali con cui il quantum information processing può essere utilizzato per combattere una vasta gamma di interferenze in un sistema quantistico. Molti progressi sono stati fatti successivamente nell'opera di generalizzazione di queste idee: in particolare, un importante sviluppo c'è stato con la dimostrazione effettuata da Shor e Kitaev che la correzione degli errori può avere luogo anche quando le stesse operazioni correttive sono imperfette. Questi metodi conducono ad un concetto di Quantum Computing *fault tolerant*. Se la correzione degli errori in sé non garantisce un calcolo quantistico accurato, poiché non possono combattere tutti i tipi di interferenza, il fatto che sia possibile rappresenta comunque uno sviluppo significativo che ci fa ben sperare per il futuro.

Un'altra importante implicazione del connubio Meccanica Quantistica e Teoria dell'Informazione, deriva direttamente dalle proprietà di base dei sistemi quantistici applicate alla pratica ed è la *quantum cryptography*. La crittografia quantistica offre numerose idee innovative, tra le quali la più interessante (e la più seguita) è la *quantum key distribution*. Si tratta di un metodo molto ingegnoso secondo il quale gli stati quantistici trasmessi sono utilizzati per eseguire una comunicazione molto particolare: creare in due locazioni separate una coppia di sequenze di bit randomiche identiche, impedendone l'intercettazione da terze parti. Si nota subito come questo possa rivelarsi molto utile nel caso dello scambio di chiavi crittografiche per cifrari simmetrici, operazione che necessita di un canale assolutamente sicuro. La caratteristica fondamentale di questo meccanismo per lo scambio di chiavi crittografiche discende direttamente dai principi della meccanica quantistica, che garantiscono la conservazione dell'informazione, in modo che se essa arriva a destinazione si può essere sicuri che non è andata da nessun'altra parte (in altre parole, non è stata intercettata). Di conseguenza, l'intero problema delle chiavi compromesse, che riempie da secoli gli annali della storia dello spionaggio, è evitato completamente avvalendosi della struttura del mondo naturale e delle sue leggi.

Tra gli effetti del Quantum Computing che più rischiano di influenzare il nostro futuro, uno dei più interessanti è sicuramente la rivoluzione del concetto stesso di dimostrazione matematica. Quando abbiamo a che fare con computer classici, infatti, possiamo descrivere matematicamente con facilità le operazioni da essi compiute. In tal modo siamo in grado di fornire una prova della correttezza del calcolo svolto che soddisfi la definizione classica: "*una sequenza di proposizioni ognuna delle quali è un assioma o deriva da proposizioni precedenti nella sequenza attraverso le regole standard di inferenza*". Con il Quantum Computing questa definizione non è più valida: d'ora in avanti una dimostrazione dovrà essere considerata come un processo (il calcolo stesso, e non una registrazione di tutti i suoi passaggi): in futuro è estremamente probabile che un calcolatore quantistico riesca a dimostrare teoremi attraverso metodi che un cervello umano (o un calcolatore classico) non è in grado nella maniera più assoluta di controllare, perché se la "sequenza di proposizioni" corrispondente alla dimostrazione intesa nel senso classico venisse stampata, la carta riempirebbe l'Universo osservabile per molte volte.

Riguardo alla realizzabilità di un calcolatore quantistico complesso, molti studiosi sono tutt'ora scettici. Recentemente, però, l'IBM ha costruito un primo esempio di computer quantistico, con la prima implementazione funzionante dell'algoritmo di fattorizzazione di Shor. Come si legge su research.ibm.com, i ricercatori hanno realizzato un calcolatore a 7-qubit e fattorizzato il numero 15 nei suoi fattori primi 3 e 5. Nonostante l'apparente semplicità, si tratta del calcolo quantistico più complesso mai effettuato fino ad ora, e lascia ben sperare per gli sviluppi futuri di questa affascinante materia di studio.

Progresso nel Quantum Computing alla IBM

I ricercatori Federali dicono di avere creato il più concreto quantum computer fino ad ora, indicando così che il concetto stesso sia in rapida evoluzione dalla teoria alla pratica e potrebbe creare i più potenti computing device mai concepiti.

Se il trend di crescenti prestazioni continua, un quantum computer che triplichi la più elevata potenza dei computer attuali potrebbe diventare realtà entro cinque anni, secondo il fisico Raymond Laflamme, che aiutò a costruire il primo 7-qubit computer descritto nel più recente numero di *Nature*.

"Alla data è impossibile dire se potremo aumentare quelle tecnologie" dice Laflamme, il capo della ricerca di quel progetto. "Ma se mi aveste chiesto cinque anni fa se avremmo costruito un 7-qubit computer in cinque anni, avrei detto che sarebbe stato impossibile."

Gli effetti quantici hanno assicurato grande potenza ai computer sub-molecolari. Tuttavia, i quantum computer potrebbero non divenire mai dei computer general-purpose ed essere mirati su massicci problemi di number-crunching come l'encryption e decryption, oppure ricerche in enormi database e simulazione di stati fisico quantici.

Mentre le fondamenta teoriche del quantum computing furono stabilite negli anni 1980s, gli scienziati non sono stati capaci se non di recente di costruire dei quantum computer.

Il primo 3-qubit quantum computer è stato creato appena 18 mesi fa al Dipartimento dell'Energia del Los Alamos National Laboratory in New Mexico. I ricercatori del laboratorio descrivono nel loro documento su *Nature* come usarono un tubo di prova di acido trans-crotonico ed un potente spettrometro di nuclear magnetic resonance per creare il quantum computer 7-qubit (detto "kewbit"), o quantum bit.

Il fisico David Wineland del National Institute for Standards and Technology, che lavora ad una tecnologia concorrente di quantum computing, dice che il lavoro è stato importante ma che alla fine la tecnologia NMR incontrerà un vicolo cieco.

" È significativo perché è il più complesso sistema che l'uomo sia stato capace di realizzare in concreto" dice. "Ma i ricercatori nel settore in genere sentono che il quantum computer finale non sarà un NMR computer."

Il quantum computer di Laflamme è stato creato manipolando i nuclei di sette molecole in un tubo di prova di acido trans-crotonico, perciò i 7-qubit. Come un magnete rotante, i nuclei delle molecole possono esser allineati con impulsi elettromagnetici dallo spettromotore nucleare NMR, che è una versione specializzata degli apparati di imaging usati comunemente negli ospedali.

" È come tentare di manipolare degli aghi col bulldozer" dice Laflamme.

L'allineamento di un nucleo è analogo a codificare l'informazione nei computer convenzionali in uni e zeri binari. Tuttavia, a differenza dei bit tradizionali, che usano solo stati di on o di off, i nuclei sono soggetti alle strane leggi della fisica quantistica che consentono loro di assumere in modo simultaneo stati multipli. In altri termini, essi possono assumere i due stati di uno e zero al medesimo tempo.

Wineland ha detto che l'approccio NMR perderà interesse attorno ai 15 qubit in cui cominciano a sparire effetti chiave di interazione tra le particelle quantiche.

Wineland sta lavorando ad uno tra diversi approcci differenti di quantum computing che utilizza plasma di ioni confinati invece di mezzi liquidi.

Laflamme paragona la sua ricerca ai giorni degli albori del computing, quando i computer pesavano 30 tonnellate ed erano composti da migliaia di valvole termonioniche. A quei tempi, gli scienziati in materia predissero che un giorno i computer sarebbero pesati solo 5 tonnellate e sarebbero stati composti da centinaia di valvole.
"Che abbiamo oggi?" chiede Laflamme "i Laptop ed i Palm Pilots."
"Nei giorni in cui sono ottimista penso che avremo i quantum computer in 20, 30, 40 anni forse," dice. "Nei giorni del pessimismo, penso che il quantum computing sia pura follia."

Crittografia Quantistica

La crittografia quantistica è una forma di crittografia che si affida ai principi della meccanica quantistica per rendere sicuri i dati e per rilevare le intrusioni. Come ogni forma di crittografia, la crittografia quantistica è potenzialmente superabile, ma è estremamente affidabile sul piano teorico, il ché potrebbe renderla ideale per tutti i dati sensibili. Sfortunatamente, essa richiede l'uso di qualche apparato molto specializzato, il ché potrebbe limitare la diffusione della crittografia quantistica.

La crittografia comporta lo scambio di messaggi in codice. L'emittente ed il ricevente hanno la capacità di decodificare i messaggi, e di determinarne così i contenuti. La chiave ed il messaggio in genere sono trasmessi in modo separato, in quanto l'uno è inutile senza l'altro. Nel caso della crittografia quantistica, o come talvolta è chiamata la 'quantum key distribution' (QKD), la meccanica quantistica è coinvolta nella generazione della chiave per renderla privata e sicura.

La meccanica quantistica è un campo estremamente complesso, ma la cosa importante da sapere di essa in relazione alla crittografia è che l'osservazione di un fenomeno ne causa modifiche fondamentali, che è la chiave del modo in cui funziona la crittografia quantistica. Il sistema comporta la trasmissione di fotoni che sono trasmessi attraverso filtri polarizzati, e la ricezione dei fotoni polarizzati dalla parte ricevente, coll'uso di un set corrispondente di filtri di decodifica interpreta il messaggio. I fotoni diventano un eccellente strumento di crittografia, in quanto ad essi può essere assegnato un valore di 1 o 0 dipendente dal loro allineamento, creando dati binari.

L'emittente A avvierebbe lo scambio di dati spedendo una serie di fotoni polarizzati in modo random che potrebbero essere polarizzati rettilinearmente, causando un orientamento verticale o orizzontale oppure in modo diagonale, nei cui caso il fotone sarebbe inclinato in una direzione o nell'altra. Questi fotoni arriverebbero al ricevente B, che userebbe una predefinita sequenza di filtri random rettilineari o diagonali per ricevere il messaggio. Se B usa lo stesso filtro di A per un fotone particolare, l'allineamento combacerebbe, ma se non lo facesse, l'allineamento sarebbe differente. In seguito, i due scambierebbero informazioni sui filtri da usare, scartando i fotoni che non rispettassero la scelta e conservando solo quelli che rispettano la chiave generata.

Quando i due scambiano informazione per generare la chiave condivisa, essi potrebbero rivelare i filtri che stanno usando, ma non rivelerebbero l'allineamento dei protoni coinvolti. Ciò significa che questa informazione pubblica non può essere usata per decodificare i messaggi, in quanto un intruso mancherebbe di una parte critica della chiave. Più criticamente ancora, lo scambio di informazione rivelerebbe perfino la presenza di un intruso, C. Se C volesse introdursi per ottenere la chiave, dovrebbe intercettare ed osservare i protoni, e così alterarli dando evidenza sia ad A che a B della presenza di un'intrusione. I due possono allora semplicemente ripetere il processo di generazione di una nuova chiave.

Una volta generate una chiave, un algoritmo di crittografia può essere usato per generare un messaggio che può essere trasmesso in modo sicuro su un canale pubblico, poiché è crittografato.

www.ingramcontent.com/pod-product-compliance
Lightning Source LLC
Chambersburg PA
CBHW072222170526

45158CB00002BA/713